建设工程软件培训教材

盈建科基础设计软件
工程应用与实例分析

林　柏　主编

中国建筑工业出版社

图书在版编目（CIP）数据

盈建科基础设计软件工程应用与实例分析/林柏主
编．—北京：中国建筑工业出版社，2017.11
建设工程软件培训教材
ISBN 978-7-112-21287-3

Ⅰ.①盈… Ⅱ.①林… Ⅲ.①桩基础-建筑设计-计算机
辅助设计-应用软件-技术培训-教材 Ⅳ.①TU473.1-39

中国版本图书馆 CIP 数据核字（2017）第 239227 号

本书通过 40 余例有着较为可靠长期实测沉降数据桩基础工程实例的计算与对比，发现盈建科基础设计软件的桩基沉降计算结果保证率大多数远小于 80%，且该软件给出的沉降计算书不符合相关地基规范规定。由此得出的初步结论为，盈建科基础设计软件的桩基沉降计算结果直接应用于桩基础内力计算，将明显偏于不安全。

本书适合建筑结构专业设计人员、在校师生学习使用。

责任编辑：李　明　李　阳　李　慧
责任校对：焦　乐　李美娜

建设工程软件培训教材
盈建科基础设计软件工程应用与实例分析
林　柏　主编
*
中国建筑工业出版社出版、发行（北京海淀三里河路 9 号）
各地新华书店、建筑书店经销
唐山龙达图文制作有限公司制版
廊坊市海涛印刷有限公司印刷
*
开本：787×1092 毫米　1/16　印张：11　字数：266 千字
2018 年 1 月第一版　2018 年 1 月第一次印刷
定价：35.00 元（附网络下载）
ISBN 978-7-112-21287-3
（30918）

本书编委会

主　　编：林　柏

副 主 编：章　华　　徐和财

编写人员：

王青松　　傅宏兵　　方　成　　李达欣　　丁文湘

张健晖　　冯林振　　王焕珍　　陈厚飞　　杨　鑫

楼志辉　　钟　坤　　李志坚　　黄　磊　　尤　为

徐时全　　钟海峰

主编单位：

浙江省工业设计研究院

前　言

　　《盈建科基础设计软件工程应用与实例分析》是《PKPM 地基基础设计软件 JCCAD 工程应用与实例分析》（以下简称《JCCAD 工程应用与实例分析》）的姊妹篇，因此《JCCAD 工程应用与实例分析》中进行详细探讨的桩基沉降计算原理，本书仅作简略介绍。

　　结构设计人员可能有这样一种误解，"盈建科基础设计软件"与"JCCAD 基础设计软件"就像 PKPM 上部结构设计软件一样，是通过有关部门鉴定的。其实关于桩基的沉降计算，现行国家标准《建筑地基基础设计规范》与《建筑桩基技术规范》就一共给出了 6 套不同的公式，以及各自的经验系数。由此可见，既然桩基沉降计算结果不是唯一的，因此无论哪种基础设计软件是否通过所谓"鉴定"，就属于无关紧要的事，最后的计算结果仍然需要经过设计人员的判断。除非有大量的有关数据支持，否则无论是设计、审核人员，还是设计审查人员，就常常对基础设计软件的计算结果，采取一种默认的态度。一旦工程实践中出现异常现象，或是将责任推诿于施工，或是陷入"沉降计算不可靠"的迷惑。

　　对上述 6 套不同的桩基沉降计算公式进行探讨，最方便的办法是对《建筑地基基础设计规范》关于桩基沉降计算的 62 栋房屋、《建筑桩基技术规范》关于桩基沉降计算的 157 例工程实例进行探讨。但这些数据对于未参加规范编制的人来说是遥不可及的，据悉有些数据还被封存，不得外泄。

　　于是在编写《JCCAD 工程应用与实例分析》时，为探讨桩基沉降计算问题而建立了一个"资料库"，其中包含有 2400 余篇（部）学位论文、期刊文献与有关专著，460 余例工程实例。这些工程实例包含沉降、桩土荷载分担、基础钢筋应力等原位实测数据。

　　依据这个"资料库"，本书对上述 6 套不同的桩基沉降计算公式、桩土荷载分担计算的适用范围进行探讨，并得出与《建筑桩基技术规范》所提供数据与沉降计算经验系数有着相当大差别的初步结论，可供同行们参考。

　　《JCCAD 工程应用与实例分析》对盈建科基础设计软件（YJKS1.8 版）有所涉猎，但限于篇幅，并未以盈建科基础设计软件为主。现利用上述"资料库"对盈建科基础设计软件（YJKS 1.8.1 版）的应用原理与局限性进行深入广泛的探讨。

　　在工程实践中，大家还发现对于桩承台—底板基础与桩筏基础，由"盈建科基础设计软件"计算所得的底板内力，常小于"JCCAD 基础设计软件"的计算结果，且幅度还不算很小，"盈建科软件"的有关资料就介绍说可减少 20％左右。这已经影响到设计人员对软件计算结果的正确判断。本书也依据"资料库"对这种现象进行初步探讨。

　　本书有关章节的初步结论如下：

　　1. 盈建科基础设计软件计算单桩与小桩群的疑难与探讨

初步结论：由 8 例非硬土地区的单桩与小桩群的盈建科基础设计软件计算值与实测沉降量之比可知，当桩长不小于 20m 左右，平均比值为 1.5 左右，可能偏于保守；当桩长不大于 15m 左右，平均比值为 0.4 左右，可能偏于不安全。

2. 盈建科基础设计软件计算常规桩基的疑难与探讨

初步结论：盈建科基础设计软件的"上海地基基础规范法"计算沉降与实测之比平均为 0.53；偏于不安全；该软件的"等效作用分层总和法"计算建筑单体的"承台群"沉降，若沉降计算经验系数取 1.0，软件自动按单个承台计算沉降；若沉降计算经验系数取 1.0 以外任何数目，则桩基等效沉降系数为 1.0，计算结果明显不合理；该软件"考虑桩径影响的明德林应力公式法"的计算沉降与实测之比平均为 0.30，明显偏于不安全。

3. 盈建科基础设计软件计算复合桩基的疑难与探讨

初步结论：《建筑桩基技术规范》提供的复合桩基实测桩土荷载分担资料远不能满足工程设计应用；盈建科基础设计软件关于复合桩基的计算方法，其沉降计算结果与实测沉降之比平均为 0.20，明显偏于不安全。且土反力分担比取值越大，沉降计算值越偏小。

4. 盈建科基础设计软件计算主裙连体桩基的疑难与探讨

初步结论：盈建科基础设计软件的"上海地基基础规范法"、"等效作用分层总和法"与"考虑桩径影响的明德林应力公式法"的计算沉降，均可能明显偏于不安全，计算结果难以修正。且不应由软件计算所得各点的沉降值，直接计算承台板的内力。

5. 盈建科基础设计软件计算复合地基的疑难与探讨

初步结论：因复合地基土反力分担比一般均大于复合桩基，因此盈建科基础设计软件计算的沉降值远小于实测值。

6. 盈建科基础设计软件计算软土地基减沉复合疏桩基础的疑难与探讨

初步结论：盈建科基础设计软件"考虑桩径影响的明德林应力公式法"的计算结果与实测值之比平均为 0.23，明显偏于不安全。复合疏桩基础承台底土抗力计算值与实测值之比为 1.77～13.33，计算值明显偏大。

7. 盈建科基础设计软件计算天然地基的疑难与探讨

初步结论：必须考虑实际沉降差对主裙楼连体天然地基基础计算内力的影响。独立基础——构造板基础的构造板底土反力原位实测证明，土反力荷载分担比例为 20% 左右，不容忽视。

目　录

1. 盈建科基础设计软件计算单桩与小桩群的疑难与探讨

1.1 引 言

大底盘地下室、主裙楼连体、变刚度桩基建筑的外扩地下室下桩基一般均属于单桩与小桩群（指 6 桩以下的桩基），裙楼下桩基常采用 50 桩以下的小桩群。

外扩地下室与主楼的沉降差基本上就能够决定底板内力的计算结果。而单桩与小桩群的沉降计算一直属于桩基沉降计算的难点之一。因此单独列为一章。

《建筑桩基技术规范》推出不考虑桩径影响的明德林应力解作为单桩与小桩群沉降的计算方法，并提供了北京、济南洛口共 33 例单桩、单排桩静载荷试桩的实测沉降值与计算值的对比，建议沉降计算经验系数可取 1.0；并给出一例工程实例的计算过程。

但众所周知，静载荷试桩与同一工程桩基的实测沉降一般均存在着较大差别，因此上述建议不够严谨。何况还有未列入《建筑桩基技术规范》的济南洛口单排桩长期静载荷试桩实测沉降数据，与常规静载荷试桩的沉降有较大差别。

本章第 2 节对上述问题进行初步探讨，认为经验系数可取 1.0 的建议不够严谨。

本章第 3 节对《建筑桩基技术规范》给出的工程实例算例进行分析，发现该算例的设定可能并不适用于实际工程，因此仅为单桩、小桩群沉降计算过程的演示。

本章第 4 节基于上海、山西、辽宁等地的实际工程单桩、小桩群实测沉降与计算值的对比，可知《建筑桩基技术规范》关于单桩与小桩群沉降计算的经验系数建议值，尚不能适用于所有地区。并就"盈建科基础设计软件"有关单桩与小桩群沉降计算的结果，与手算结果、实测沉降值的对比，对沉降计算经验系数进行初步探讨。

纯地下室小桩群的实测沉降资料并不少见，本书第 4 章提供了 30 例主裙楼连体桩基工程的个点沉降实测数据，其中包括外扩纯地下室的桩基沉降。《建筑桩基技术规范》关于单桩、小桩群沉降计算的探讨，未采用这些数据，原因不明。

全国单层厂房（桩基）工程数以百万计，但能够检索到的长期实测沉降文献也很少。即使有了长期实测沉降数据，可惜那些文献一般均不提供详细的荷载与地质资料。这些缺憾严重制约了本章给出结论的实用价值。

《建筑桩基技术规范》编制组应该能够收集到小桩群实测沉降数据，但未采用这些数据作为验证单桩与小桩群沉降计算经验系数的依据。具体原因不明。

1.2 《建筑桩基技术规范》单桩、单排桩沉降计算系数初探

《建筑桩基技术规范》给出北京、济南洛口共 33 例单桩、单排桩静载荷试桩的实测沉

降与计算值对比的表 11。

表 11 中，北京地区的 30 例单桩静载荷试桩实测沉降，是否与同一工程桩基的实测沉降接近，因为未检索到相关数据，暂且不论。

而表 11 中济南洛口的 3 例单排桩静载荷试桩，就值得探讨。

济南洛口小鲁庄的群桩试验场中，共进行了 52 组承台桩静载荷试桩。其中有 2 组长期荷载试验（历时 108 天）：$n = 1 \times 2$(D-10) 与 $n = 3 \times 3$(G-25)。（刘金砺，1987.11）

在已检索或购买的 12 份论文或专著中，均无 $n = 1 \times 2$(D-10) 承台桩长期荷载试验的数据，也无该试验是否失败的信息。唯一缺少的文献为《钻孔群桩工作机理与承载能力的研究》。故未能将 $n = 1 \times 2$(D-10) 承台桩长期荷载试验的实测沉降，与 $n = 1 \times 2$(D-8) 承台桩短期荷载试验的实测沉降进行对比，以便确定单桩、单排桩沉降计算结果与实测值的差异。

不过由 $n = 3 \times 3$(G-25) 承台桩长期荷载试验的实测沉降，与同样情况的 $n = 3 \times 3$(G-5) 承台桩短期荷载试验的实测沉降进行对比，可以初步判断双桩承台桩长期荷载试验与短期荷载试验的实测沉降差异。

长期荷载试验 G-25 承台桩（荷载 1000kN）的 108 天实测沉降为 9.4mm（刘金砺，1990.7），短期静载荷试桩 G-5（荷载 1150kN）的实测沉降量 6.0mm（刘金砺，1995.11）。由此类推，长期荷载试验 D-10 承台桩的 108 天实测沉降，也应该远大于短期静载荷试桩 D-8 的实测沉降量 20mm。

由此可见，《建筑桩基技术规范》采用短期静载荷试桩的实测沉降，作为单桩、单排桩沉降计算结果的校核对象，得出单桩与小桩群沉降计算的经验系数可取 1.0 的建议，可能就不够严谨了。

1.3 《建筑桩基技术规范》单排桩计算工程实例的探讨

再考察《建筑桩基技术规范》给出的北京某框架—核心筒结构的单排桩沉降计算例题。

该例题是将框架—核心筒结构的外围框架柱下桩筏基础按单排桩计算沉降的。但若这种设定能够成立，则大量的疏桩复合桩基就可以按单排桩计算沉降了，因为大多数疏桩复合桩基工程均为沿轴线布置的单排桩。由疏桩复合桩基工程的实测沉降可知，上述设定是不能成立的。

其次，按《建筑桩基技术规范》第 285 页给出的数据，对北京某框架—核心筒结构的核心筒下桩筏与外围边框架柱下桩筏附加压力进行复核，就可以知道核心筒下桩筏的附加压力 680kPa（扣除了 26m 埋深的土自重压力 546kPa），而外围边框架柱下桩筏的附加压力 382kPa（未扣除了 26m 埋深的土自重压力 546kPa），而扣除土自重压力后的基底附加压力则为负数：382－546＜0。

由此可见，上述《建筑桩基技术规范》给出的例题，只是演示单桩、单排桩沉降计算的过程，并不能作为真实的工程实例。而真实的工程实例应该是单层结构（如厂房）与纯地下室的桩基。

1.4　盈建科基础设计软件计算单桩、小桩群沉降的疑难

探讨单桩、小桩群沉降计算的最大疑难是缺少公认的单桩与小桩群基础长期沉降监测的资料。单层厂房桩基属于小桩群基础，主裙连体大底盘地下室的裙楼与纯地下室桩基大多属于小桩群或单桩基础。前者的可靠的长期沉降监测资料较少，且收集不易；后者的资料较多，但有关文献一般均不提供荷载与详细的地质资料，尤其是地基土的压缩曲线。

缺少地基土各层土压缩曲线的影响是致命的，因为那将使得案例的沉降计算结果完全失去了探讨的价值。

但又不可能指望大家都公开自己掌握的详细资料，为此统计了上海地区 15 项工程实例的地基土各层土压缩曲线，得到有关压缩模量的近似换算系数，并应用于下述案例的探讨。

上海第 5 层褐灰色粉质黏土：$E_{s0.2\sim0.3}/E_{s0.1\sim0.2}=1.3$，$E_{s0.3\sim0.4}/E_{s0.1\sim0.2}=1.6$；

上海第 6 层暗绿—褐黄色粉质黏土：$E_{s0.2\sim0.3}/E_{s0.1\sim0.2}=1.3$，$E_{s0.3\sim0.4}/E_{s0.1\sim0.2}=1.5$，$E_{s0.2\sim0.4}/E_{s0.1\sim0.2}=1.58$，$E_{s0.4\sim0.6}/E_{s0.1\sim0.2}=2.1$；

上海第 7_1 层草黄色砂质粉土：$E_{s0.2\sim0.3}/E_{s0.1\sim0.2}=1.4$，$E_{s0.3\sim0.4}/E_{s0.1\sim0.2}=1.7$，$E_{s0.2\sim0.4}/E_{s0.1\sim0.2}=2.5$，$E_{s0.4\sim0.6}/E_{s0.1\sim0.2}=2.7$；

上海第 7_2 层草黄色粉细砂：$E_{s0.2\sim0.3}/E_{s0.1\sim0.2}=1.4$，$E_{s0.3\sim0.4}/E_{s0.1\sim0.2}=1.7$，$E_{s0.2\sim0.4}/E_{s0.1\sim0.2}=2.4$，$E_{s0.4\sim0.6}/E_{s0.1\sim0.2}=2.7$。

关于小桩群的桩数尚无明确定义，本节按一般看法取 6 桩以下的承台桩群。

1.4.1　上海某跨线桥 23m 单桩的沉降计算探讨

［案例 1.4.1］为静载荷试压维持 3 个月的上海某跨线桥工程 $\phi0.8m\times23m$ 单桩试桩工程。地基土的物理力学性质指标及承载力，见表 1.4.1-1。

地基土的物理力学性质指标及承载力表　　　　　　　表 1.4.1-1

层序	土的名称	物理性质		力学性质			钻孔灌注桩		单桥静力触探平均贯入阻力值 P_s（kPa）
		厚度 h（m）	重力密度 ρ（kN/m³）	剪切试验		压缩试验	桩周土摩擦力极限值 f_s（kPa）	桩端土承载力极限值 f_p（kPa）	
				内摩擦角 ϕ（°）	内聚力 C（kPa）	压缩模量 $E_{s0.1\sim0.2}$（MPa）			
1	填土	1.2	17.0	—	—	—	—	—	—
2-1	粉质黏土	1.5	18.9	17.6	24.3	4.66	15	200	820
2-2	黏质粉土	2.4	18.6	27.5	4.0	7.59	15	200	1490
3-1	淤泥质粉质黏土	3.8	18.0	20.4	14.83	3.80	15	200	770
3-2	黏质粉土	2.9	18.6	34.7	3.33	8.71	20	200	2270
3-3	淤泥质粉质黏土	3.1	17.6	15.5	14.0	3.48	20	200	1040

层序	土的名称	物 理 性 质		力 学 性 质			钻孔灌注桩		单桥静力触探平均贯入阻力值 P_s (kPa)
		厚度 h (m)	重力密度 ρ (kN/m³)	剪切试验		压缩试验	桩周土摩擦力极限值 f_s (kPa)	桩端土承载力极限值 f_p (kPa)	
				内摩擦角 ϕ (°)	内聚力 C (kPa)	压缩模量 $E_{S0.1\sim0.2}$ (MPa)			
4	淤泥质黏土	7.0	17.2	9.6	12.0	2.48	20	400	820
5-1	黏土	6.0	17.6	10.1	14.83	3.14	35	350	1020
5-2	砂质粉土	3.7	18.0	30.0	4.0	7.61	45	1200	540
5-3	粉质黏土	3.6	20.0	17.0	45.0	7.41	55	800	2170
5-4.1	粉质黏土	2.9	19.0	—	—	5.40	65	1500	2980
5-4.2	黏质粉土	3.1	19.5	—	—	9.36	70	1800	4950
8-1	黏土	13.0	17.8	14.1	17.92	3.82	45	1000	2000
8-2	粉质黏土	未穿	18.8	15.0	27.0	4.10	50	1200	2700

［案例 1.4.1］单桩试桩静载荷为 1320kN，桩端持力层为第 5-1 层黏土。稳定 3 个月后实测累计沉降 21.02mm，第 3 个月的沉降速率约为 0.049mm/d，尚未达到稳定的标准。

［案例 1.4.1］试桩实测沉降—时间曲线，如图 1.4.1-1 所示。

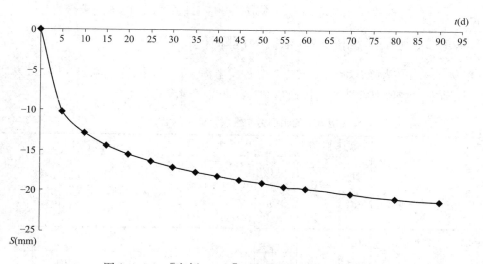

图 1.4.1-1　［案例 1.4.1］试桩实测沉降—时间曲线

1.4.1.1　由《建筑桩基技术规范》单桩沉降公式计算［案例 1.4.1］沉降

$Q_{uk}=0.8\times\pi\times(1.5\times15+2.4\times15+3.8\times15+2.9\times20+3.1\times20+7.0\times20+1.1\times35)+\pi\times0.8^2\times350/4=1216$kN，$\alpha=0.145$。

［案例 1.4.1］的单桩沉降计算，见表 1.4.1-2。压缩模量取 $1.3\times3.14=4.08$MPa。

[案例 1.4.1] 单桩试桩沉降计算 表 1.4.1-2

$Q=1320\text{kN}, \alpha=0.145, l=23\text{m}, d=0.8\text{m}$，取 $l/d=30, \Psi=1.0$

z/l	I_p	I_{st}	σ_{zi} (kPa)	$0.2\sigma_{ci}$ (kPa)	$E_{s0.1\sim0.2}$ (MPa)	ΔZ_i (m)	分层计算沉降(mm)
1.004	536.535	15.226	257.830	38.550	4.08	0.092	5.81
1.008	480.071	14.944	233.434	38.690	4.08	0.092	5.27
1.012	407.071	14.281	201.275	38.830	4.08	0.092	4.54
1.016	335.065	13.323	168.924	38.970	4.08	0.092	3.81
1.020	271.631	12.240	139.928	39.109	4.08	0.092	3.62
1.024	220.202	11.162	116.005	39.249	4.08	0.092	2.61
1.028	179.778	10.159	96.878	39.399	4.08	0.092	2.19
1.040	104.344	7.763	60.100	39.808	4.08	0.276	1.36
1.050	(77.880)	(6.544)	46.411	40.160	4.08	0.230	1.05
1.060	51.415	5.344	32.763	41.908	4.08	0.230	0.74
最终沉降量(mm)							31.0

桩身压缩量 $S_e=1.44\text{mm}$（计算略）。

$S=1.44+31.0=32.4\text{mm}$。

[案例 1.4.1] 的手算沉降 32.4mm，与 3 个月实测累计沉降 21.02mm 之比为 1.54。

1.4.1.2 由盈建科基础设计软件计算 [案例 1.4.1] 沉降

由盈建科基础设计软件计算 [案例 1.4.1] 沉降的计算书，见表 1.4.1-3。

[案例 1.4.1] 盈建科基础设计软件沉降计算书 表 1.4.1-3

ξ_e	Q_j	L_j	E_c	A_{ps}	S_e
0.67	1337.0	23.0	30000	0.5027	1.3595
ϕ	ΔZ	α			
1.00	0.3	0.124			

压缩层 No.	压缩模量(MPa)	厚度(m)	附加应力(kPa)	土的自重应力(kPa)	压缩量(mm)
(1)	4.08	0.30	185.1	208.7	13.6121
(2)	4.08	0.30	113.9	211.1	8.3736
(3)	4.08	0.30	51.5	213.4	3.7897
(4)	4.08	0.30	29.6	215.8	2.1762
$S=1.44+28.0=29.4\text{mm}$					

[案例 1.4.1] 的盈建科基础设计软件计算值略小于手算值，这与软件计算的土分层厚度较大有关。

1.4.2 上海某跨线桥 29m 单桩的沉降计算探讨

[案例 1.4.2] 为静载荷试压维持 3 个月的上海某跨线桥工程 $\phi0.8\text{m}\times29\text{m}$ 单桩试桩工程。地基土的物理力学性质指标及承载力，见表 1.4.2-1。

层序	土的名称	物理性质		力学性质		压缩试验	钻孔灌注桩		单桥静力触探平均贯入阻力值 P_s (kPa)
		厚度 h (m)	重力密度 ρ (kN/m³)	剪切试验		压缩模量 $E_{s0.1\sim0.2}$ (MPa)	桩周土摩擦力极限值 f_s (kPa)	桩端土承载力极限值 f_p (kPa)	
				内摩擦角 ϕ (°)	内聚力 C (kPa)				
1	填土	1.2	17.0	—	—	—	—	—	—
2-1	粉质黏土	1.7	18.9	17.6	24.3	4.66	15	200	820
3-1	淤泥质粉质黏土	6.4	18.0	20.4	14.83	3.8	15	200	770
3-2	黏质粉土	2.4	18.6	34.7	3.33	8.71	20	200	2270
3-3	淤泥质粉质黏土	3.5	17.6	15.5	14.0	3.48	20	-200	1040
4	淤泥质黏土	7.1	17.2	9.6	12.0	2.48	20	400	820
5-1	黏土	6.1	17.6	10.1	14.83	3.14	35	350	1020
5-2	砂质粉土	3.5	18.0	30.0	4.0	7.61	45	1200	540
6-1	粉质黏土	4.1	20.0	17.0	45.0	7.41	55	800	1850
7-1	砂质粉土	3.5	19.0	—	—	5.4	65	1500	6650
7-2	砂质粉土	4.6	19.5	—	—	9.36	70	1800	5530
8-1	黏土	11.5	17.8	14.1	17.92	3.82	45	1000	2000
8-2	粉质黏土	未穿	18.8	15.0	27.0	4.10	50	1200	2700

地基土的物理力学性质指标及承载力表　　　　　　　表 1.4.2-1

［案例 1.4.2］单桩试桩静载荷为 1800kN，桩端持力层为第 5-2 层砂质粉土。试桩静载荷 3 个月实测累计沉降为 13.0mm，第 3 个月的沉降速率约为 0.038mm/d，尚未达到稳定的标准。［案例 1.4.2］试桩实测沉降—时间曲线，如图 1.4.2-1 所示。

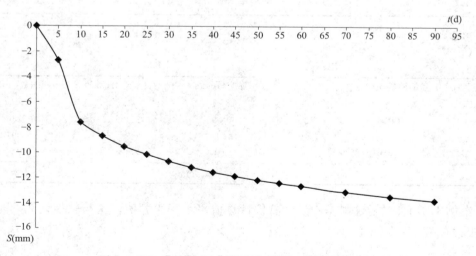

图 1.4.2-1 ［案例 1.4.2］试桩实测沉降—时间曲线

1.4.2.1　由《桩基规范》单桩沉降公式计算［案例 1.4.2］沉降

$Q_{uk} = 0.8 \times \pi \times (1.7 \times 15 + 6.4 \times 15 + 2.4 \times 20 + 3.5 \times 20 + 7.1 \times 20 + 6.1 \times 35 + 0.6 \times$

45）＋π×0.8²×1200/4＝2166kN，$\alpha=0.278$。

[案例1.4.2] 的单桩沉降计算，见表1.4.2-2。压缩模量取1.31×7.61＝10MPa。

[案例1.4.2] 单桩试桩沉降计算　　　　　　　　　表1.4.2-2

$Q=1800kN，\alpha=0.278，l=29m，d=0.8m，取 l/d=40，\Psi=1.0$

z/l	I_p	I_{st}	σ_{zi} (kPa)	$0.2\sigma_{ci}$ (kPa)	$E_{S0.1\sim0.2}$ (MPa)	ΔZ_i (m)	分层计算沉降 (mm)
1.004	924.755	20.636	582.124	47.436	10.0	0.116	6.75
1.008	769.156	19.770	488.203	47.621	10.0	0.116	5.66
1.012	595.591	18.119	383.380	47.807	10.0	0.116	4.44
1.016	449.984	16.165	292.723	47.992	10.0	0.116	3.39
1.020	341.526	14.288	225.289	48.178	10.0	0.116	2.38
1.024	263.543	12.638	176.339	48.364	10.0	0.116	2.05
1.028	207.450	11.236	140.797	48.549	10.0	0.116	1.64
1.040	112.989	8.228	79.944	49.106	10.0	0.348	2.79
1.060	53.411	5.500	40.279	50.034	10.0	0.58	2.34
最终沉降量(mm)							31.44

桩身压缩量 $S_e=2.47mm$（计算略）。

$S=2.47+31.44=33.9mm$。

[案例1.4.2] 的手算沉降33.9mm，与3个月实测累计沉降13.0mm之比为2.61。

1.4.2.2　由盈建科基础设计软件计算 [案例1.4.2] 沉降

由盈建科基础设计软件计算 [案例1.4.2] 沉降的计算书，见表1.4.2-3。

[案例1.4.2] 盈建科基础设计软件沉降计算书　　　　表1.4.2-3

ξ_e	Q_j	L_j	E_c	A_{ps}	S_e
0.61	1829.6	29.0	30000	0.5027	2.1624
ψ	ΔZ	α			
1.00	0.3	0.105			

压缩层 No.	压缩模量(MPa)	厚度(m)	附加应力(kPa)	土的自重应力(kPa)	压缩量(mm)
(1)	10.00	0.30	218.6	250.0	6.5578
(2)	10.00	0.30	138.4	253.0	4.1516
(3)	10.00	0.30	73.2	256.1	2.1972
(4)	10.00	0.30	45.7	259.2	1.3721
$S=2.47+14.3=16.8mm$					

[案例1.4.2] 的盈建科基础设计软件计算值远小于手算值，这与软件计算的深度不够有关。

1.4.3　上海某跨线桥1号墩小桩群的沉降计算探讨

[案例1.4.3] 为上海某跨线桥工程1号墩，采用4根 $\phi0.8m×19.5m$ 钻孔灌注桩，单桩平均荷载为595kN。

地基土的物理力学性质指标及承载力见表 1.4.1-1。

［案例 1.4.3］的 117 天实测沉降 8.9mm，第 4 个月沉降速率为 0.023mm/d，尚未达到稳定的标准。［案例 1.4.3］的实测沉降—时间曲线，如图 1.4.3-1 所示。

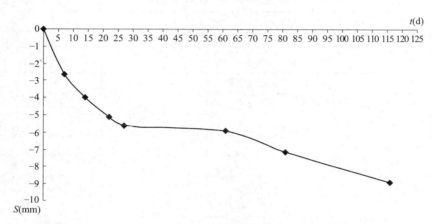

图 1.4.3-1 ［案例 1.4.3］试桩实测沉降—时间曲线

1.4.3.1 由《建筑桩基技术规范》单桩沉降公式计算［案例 1.4.3］沉降

$Q_{uk} = 0.8 \times \pi \times (1.0 \times 15 + 2.4 \times 15 + 3.8 \times 15 + 2.9 \times 20 + 3.1 \times 20 + 6.3 \times 20) + \pi \times 0.8^2 \times 400/4 = 1287\text{kN}, \alpha = 0.165$。

承台尺寸为 8.0m×3.8m，承台埋深按 1.7m。扣除承台底土自重压力的平均附加桩顶荷载为 368.1kN。

［案例 1.4.3］的小桩群沉降计算，见表 1.4.3-1。压缩模量取 1.3×3.14 = 4.08MPa。

［案例 1.4.3］小桩群沉降计算表　　　　　　　　表 1.4.3-1

$Q = 368.1\text{kN}, \alpha = 0.165, l = 19.5\text{m}, d = 0.8\text{m}$，取 $l/d = 25, \Psi = 1.0$

$0.0\ l$ 范围内的桩为 1 根，$0.12\ l$ 范围内的桩为 1 根，$0.4\ l$ 范围内的桩为 2 根

z/l	I_p	I_{st}	σ_{zi} (kPa)	$0.2\sigma_{ci}$ (kPa)	$E_{S0.1\sim0.2}$ (MPa)	ΔZ_i (m)	分层计算沉降 (mm)
1.004	377.962	14.298	78.265	35.12	4.08	0.078	1.50
1.008	348.548	14.455	73.178	35.23	4.08	0.078	1.40
1.012	309.461	13.840	65.768	35.35	4.08	0.078	1.26
1.016	266.478	13.577	57.945	35.46	4.08	0.078	1.11
1.020	225.388	12.892	50.124	35.57	4.08	0.078	0.96
1.024	189.308	12.149	43.145	35.68	4.08	0.078	0.82
1.028	159.069	11.410	37.203	35.80	4.08	0.078	0.71
1.040	97.908	9.475	24.838	36.13	4.08	0.234	1.42
最终沉降量(mm)							11.44

［案例 1.4.3］的手算沉降 11.4mm，与 117 天的实测累计沉降 8.9mm 之比为 1.28。

1.4.3.2 由盈建科基础设计软件单桩沉降公式计算［案例 1.4.3］沉降

由盈建科基础设计软件单桩沉降公式计算［案例 1.4.3］沉降的计算书，见表

1.4.3-2。

[案例1.4.3] 盈建科基础设计软件沉降计算书　　　　表 1.4.3-2

ξ_e	Q_j	L_j	E_c	A_{ps}	S_e
0.67	380.5	19.5	30000	0.5027	0.3281
ψ	ΔZ	α			
1.00	0.6	0.149			

压缩层 No.	压缩模量(MPa)	厚度(m)	附加应力(kPa)	土的自重应力(kPa)	压缩量(mm)
(1)	4.08	0.60	51.4	182.7	7.5549
(2)	4.08	0.60	13.9	187.4	2.0436
				$S=9.6\text{mm}$	

[案例1.4.3] 的盈建科基础设计软件单桩沉降公式计算值稍小于手算值，这与软件计算的土分层厚度较大有关。

1.4.3.3 由盈建科基础设计软件等效作用法计算[案例1.4.3]沉降

由盈建科基础设计软件等效作用法计算[案例1.4.3]沉降的计算书，见表1.4.3-3。

[案例1.4.3] 盈建科基础设计软件沉降计算书　　　　表 1.4.3-3

沉降经验系数	$\psi=1.20$
桩基等效沉降系数	$\psi_e=0.20$
计算土层厚度	$\Delta Z=0.6$
基底附加压力	$P_0=39.7$

压缩层 No.	压缩模量(MPa)	土层厚度(m)	附加应力(kPa)	土的自重应力(kPa)	压缩量(mm)
(1)	4.08	0.60	39.7	182.7	5.8317
(2)	4.08	0.60	38.8	187.4	5.7123
(3)	4.08	0.60	36.5	192.0	5.3640
				$S=4.1\text{mm}$	

[案例1.4.3] 的盈建科基础设计软件等效作用法计算值与117天的实测累计沉降8.9mm之比为0.46。

1.4.4 上海某跨线桥2号墩小桩群的沉降计算探讨

[案例1.4.4] 为上海某跨线桥工程1号墩，采用5根 $\phi 0.8\text{m}\times 27\text{m}$ 钻孔灌注桩，单桩平均荷载为988kN。

地基土的物理力学性质指标及承载力，见表1.4.1-1。

[案例1.4.4] 的117天实测沉降5.5mm，第4个月沉降速率为0.020mm/d，尚未达到稳定的标准。[案例1.4.4] 的实测沉降—时间曲线，如图1.4.4-1所示。

1.4.4.1 由桩基规范单桩沉降公式计算[案例1.4.4]沉降

$Q_{uk}=0.8\times\pi\times(1.0\times 15+6.4\times 15+2.4\times 20+2.5\times 20+7.1\times 20+6.1\times 35+0.5\times 45)+\pi\times 0.8^2\times 1200/4=2129\text{kN}, \alpha=0.283$。

承台尺寸为10.8m×3.8m，承台埋深按2.0m。扣除承台底土自重压力的平均附加桩顶荷载为696.5kN。

[案例1.4.4] 的单桩沉降计算，见表1.4.4-1。压缩模量取 $1.31\times 7.61=10\text{MPa}$。

9

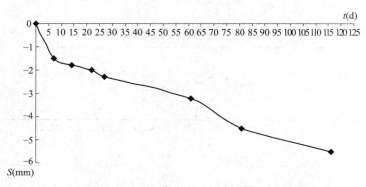

图 1.4.4-1 ［案例 1.4.4］实测沉降—时间曲线

［案例 1.4.4］小桩群沉降计算表 表 1.4.4-1

$Q=696.5\text{kN}, \alpha=0.283, l=27\text{m}, d=0.8\text{m},$ 取 $l/d=35, \Psi=1.0$

0.01 范围内的桩为 1 根，$0.2l$ 范围内的桩为 4 根

z/l	I_p	I_st	σ_{zi} (kPa)	$0.2\sigma_{ci}$ (kPa)	$E_{S0.1\sim0.2}$ (MPa)	ΔZ_i (m)	分层计算沉降 (mm)
1.004	536.979	23.624	161.374	46.478	10.0	0.108	1.74
1.008	480.551	22.770	145.531	46.643	10.0	0.108	1.58
1.012	408.346	21.135	124.889	46.807	10.0	0.108	1.35
1.016	335.621	19.193	103.894	46.972	10.0	0.108	1.12
1.020	272.231	17.328	85.477	47.136	10.0	0.108	0.92
1.024	220.850	15.690	70.483	47.300	10.0	0.108	0.76
1.028	180.474	14.296	58.591	47.463	10.0	0.108	0.63
1.040	105.220	11.320	36.205	47.628	10.0	0.324	1.17
最终沉降量(mm)							9.27

计算结果与 117 天的实测累计沉降 5.5mm 之比为 1.69。

1.4.4.2 由盈建科基础设计软件单桩沉降公式计算［案例 1.4.4］沉降

由盈建科基础设计软件单桩沉降公式计算［案例 1.4.4］沉降的计算书，见表 1.4.4-2。

［案例 1.4.4］盈建科基础设计软件沉降计算书 表 1.4.4-2

ξ_e	Q_j	L_j	E_c	A_ps	S_e
0.64	705.4	27.0	30000	0.5027	0.8026
ψ	ΔZ	α			
1.00	0.6	0.266			

压缩层 No.	压缩模量(MPa)	厚度(m)	附加应力(kPa)	土的自重应力(kPa)	压缩量(mm)
(1)	10.00	0.60	172.1	241.5	10.3262
(2)	10.00	0.60	41.3	246.4	2.4758
					$S=12.8\text{mm}$

［案例 1.4.4］的盈建科基础设计软件单桩沉降公式计算值稍大于手算值，这与软件

计算的土分层厚度较大有关。

1.4.4.3 由盈建科基础设计软件等效作用法计算［案例1.4.4］沉降

由盈建科基础设计软件等效作用法计算［案例1.4.4］沉降的计算书，见表1.4.4-3。

［案例1.4.4］盈建科基础设计软件沉降计算书　　　　　表1.4.4-3

沉降经验系数	$\psi=1.20$				
桩基等效沉降系数	$\psi_e=0.21$				
计算土层厚度	$\Delta Z=0.6$				
基底附加压力	$F_0=74.2$				
压缩层 No.	压缩模量（MPa）	土层厚度（m）	附加应力（kPa）	土的自重应力（kPa）	压缩量（mm）
（1）	10.00	0.60	74.2	241.5	4.4506
（2）	10.00	0.60	73.2	246.4	4.3907
（3）	10.00	0.60	70.1	251.4	4.2047
（4）	10.00	0.60	64.9	256.3	3.8962
（5）	10.00	0.50	59.1	260.8	2.9562
（6）	10.00	0.60	53.0	265.9	3.1787
					$S=5.8\text{mm}$

［案例1.4.4］的盈建科基础设计软件等效作用法计算值与117天的实测累计沉降5.5mm之比为1.09。

1.4.5 上海某跨线桥3号墩小桩群的沉降计算探讨

［案例1.4.5］为上海某跨线桥工程3号墩，采用4根$\phi0.8\text{m}\times19.5\text{m}$钻孔灌注桩，单桩平均荷载为657kN。

地基土的物理力学性质指标及承载力见表1.4.1-1。

［案例1.4.5］的117天实测沉降6.6mm，第4个月沉降速率为0.023mm/d，尚未达到稳定的标准。［案例1.4.5］的实测沉降—时间曲线，如图1.4.4-1所示。

［案例1.4.5］实测沉降—时间曲线，如图1.4.5-1所示。

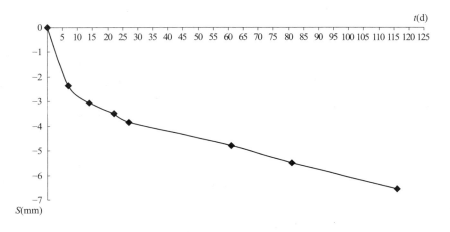

图1.4.5-1　［案例1.4.5］实测沉降—时间曲线

1.4.5.1 由《建筑桩基技术规范》单桩沉降公式计算［案例4.4.5］沉降

$Q_{uk} = 0.8 \times \pi \times (1.0 \times 15 + 2.4 \times 15 + 3.8 \times 15 + 2.9 \times 20 + 3.1 \times 20 + 6.3 \times 20) + \pi \times 0.8^2 \times 400/4 = 1287kN, \alpha = 0.165$。

承台尺寸为8.0m×3.8m，承台埋深按1.7m。扣除承台底土自重压力的平均附加桩顶荷载为430.1kN。

［案例1.4.5］的小桩群沉降计算，见表1.4.5-1。压缩模量取$1.3 \times 3.14 = 4.08$MPa。

［案例1.4.5］小桩群沉降计算表 表1.4.5-1

$Q = 430.1kN, \alpha = 0.183, l = 19.5m, d = 0.8m,$ 取 $l/d = 25, \Psi = 1.0$

$0.01l$ 范围内的桩为1根，$0.12l$ 范围内的桩为1根，$0.4l$ 范围内的桩为2根

z/l	I_p	I_{st}	σ_{zi} (kPa)	$0.2\sigma_{ci}$ (kPa)	$E_{S0.1\sim0.2}$ (MPa)	ΔZ_i (m)	分层计算沉降 (mm)
1.004	377.962	14.298	91.448	35.12	4.08	0.078	1.74
1.008	348.548	14.455	85.504	35.23	4.08	0.078	1.64
1.012	309.461	13.840	75.921	35.35	4.08	0.078	1.45
1.016	266.478	13.577	67.705	35.46	4.08	0.078	1.30
1.020	225.388	12.892	58.567	35.57	4.08	0.078	1.12
1.024	189.308	12.149	50.412	35.68	4.08	0.078	0.96
1.028	159.069	11.410	43.470	35.80	4.08	0.078	0.83
1.040	97.908	9.475	29.022	36.13	4.08	0.234	1.67
最终沉降量(mm)							13.55

计算结果与117天的实测累计沉降6.6mm之比为2.06。

1.4.5.2 由盈建科基础设计软件单桩沉降公式计算［案例1.4.5］沉降

由盈建科基础设计软件单桩沉降公式计算［案例1.4.3］沉降的计算书，见表1.4.5-2。

［案例1.4.5］盈建科基础设计软件沉降计算书 表1.4.5-2

ξ_e	Q_j	L_j	E_c	A_{ps}	S_e
0.67	419.2	19.5	30000	0.5027	0.3613
ψ	ΔZ	α			
1.00	0.6	0.182			

压缩层 No.	压缩模量(MPa)	厚度(m)	附加应力(kPa)	土的自重应力(kPa)	压缩量(mm)
(1)	4.08	0.60	67.0	182.8	9.8559
(2)	4.08	0.10	29.6	185.4	0.7243
				$S = 10.6$mm	

［案例1.4.5］的盈建科基础设计软件单桩沉降公式计算值小于手算值。

1.4.5.3 由盈建科基础设计软件等效作用法计算［案例1.4.5］沉降

由盈建科基础设计软件等效作用法计算［案例1.4.5］沉降的计算书，见表1.4.5-3。

［案例 1.4.5］盈建科基础设计软件沉降计算书　　　　　　表 1.4.5-3

沉降经验系数	$\psi=1.20$
桩基等效沉降系数	$\psi_e=0.20$
计算土层厚度	$\Delta Z=0.6$
基底附加压力	$P_0=51.2$

压缩层序号	压缩模量(MPa)	土层厚度(m)	附加应力(kPa)	土的自重应力(kPa)	压缩量(mm)
(1)	4.00	0.60	51.1	175.0	7.6694
(2)	4.00	0.60	50.1	179.9	7.5124
(3)	4.00	0.60	47.0	184.7	7.0543
(4)	4.00	0.60	42.3	189.6	6.3521
(5)	4.00	0.60	37.0	194.4	5.5517
	$E'=4.00$	$Z_n=3.00$			$\sum S=34.1398$
					$S=8.1389$

［案例 1.4.5］的盈建科基础设计软件等效作用法计算值与 117 天的实测累计沉降 6.6mm 之比为 1.23。

1.4.6　辽宁某公路桥小桩群基础的沉降计算探讨

［案例 1.4.6］为辽宁某公路桥工程 1 号桥墩（王桂虎，2009），该工程对小桩群桥墩进行了近一年的沉降测试。

［案例 1.4.6］地基土的物理力学性质指标及承载力，见表 1.4.6-1。

地基土的物理力学性质指标及承载力表　　　　　　表 1.4.6-1

层序	土的名称	物理性质		力学性质			承载力基本容许值 f_{ao} (kPa)	桩侧摩阻力标准值 q_{ik} (kPa)
		厚度 h (m)	重力密度 ρ (kN/m³)	剪切试验		压缩试验		
				内摩擦角 ϕ (°)	内聚力 C (kPa)	压缩模量 E_s (MPa)		
1	粉质黏土	3.5	19.2	21.2	18.4	5.5	110	35
2	粉质黏土	5.0	20.1	20.6	25.2	6.7	110	35
3	粉质黏土	4.8	18.9	23.6	26.7	7.2	180	40
4	黏土	6.7	19.8	17.1	33.4	8.2	240	40
5	黏土	4.2	20.0	16.9	42.6	6.7	280	40

［案例 1.4.6］采用 5 根 ϕ0.3m×15m 钢筋混凝土预制管桩，桩距 1.5m，单桩平均荷载为 680kN。340 天实测累计平均沉降为 38.6mm，且已达到稳定的标准。

承台尺寸为 3.0m×3.0m，承台埋深按 2.0m。扣除承台底土自重压力的平均附加桩顶荷载为 610.9kN。

［案例 1.4.6］实测沉降—时间曲线，如图 1.4.6-1 所示。

1.4.6.1　由《建筑桩基技术规范》单桩沉降公式计算［案例 1.4.6］沉降

［案例 1.4.6］的小桩群沉降计算，见表 1.4.6-2。压缩模量取 $1.3×6.7=8.7$MPa。

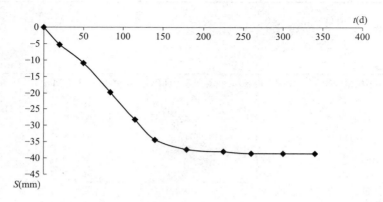

图 1.4.6-1 ［案例 1.4.6］实测沉降—时间曲线

［案例 1.4.6］小桩群沉降计算表　　　　　　　　表 1.4.6-2

$Q=610.9\text{kN}, \alpha=0.21, l=15\text{m}, d=0.3\text{m}, 取\ l/d=50, \Psi=1.0$

$0.0\ l$ 范围内的桩为 1 根, $0.1\ l$ 范围内的桩为 4 根

z/l	I_p	I_{st}	σ_{zi} (kPa)	$0.2\sigma_{ci}$ (kPa)	$E_{S0.1\sim0.2}$ (MPa)	ΔZ_i (m)	分层计算沉降 (mm)
1.004	1393.075	33.546	866.248	38.434	8.7	0.06	5.97
1.008	1064.665	31.689	675.015	38.511	8.7	0.06	4.66
1.012	755.761	28.746	492.573	38.669	8.7	0.06	3.40
1.016	535.424	25.794	360.611	38.786	8.7	0.06	2.49
1.020	389.442	23.268	271.957	38.904	8.7	0.06	1.88
1.024	292.618	21.219	212.356	39.022	8.7	0.06	1.46
1.028	226.850	19.564	171.307	39.139	8.7	0.06	1.18
1.040	123.850	16.190	105.177	39.492	8.7	0.18	2.18
1.060	65.038	13.153	65.295	40.080	8.7	0.30	2.25
1.080	45.281	11.332	50.124	40.668	8.7	0.30	1.73
1.100	36.081	9.987	41.994	41.256	8.7	0.30	1.45
最终沉降量(mm)							28.64

$Q=610.9\text{kN}$, $L=15\text{m}$, $E_0=2.8\times10^4\,\text{N/mm}^2$, $S_e=0.206\text{mm}$（计算略）。

$S=28.64+0.206=28.9\text{mm}$。

计算结果与 340 天的实测累计沉降 38.6mm 之比为 0.75。

1.4.6.2　由盈建科基础设计软件单桩沉降公式计算［案例 1.4.6］沉降

由盈建科基础设计软件单桩沉降公式计算［案例 1.4.6］沉降的计算书，见表 1.4.6-3。

[案例 1.4.6] 盈建科基础设计软件沉降计算书   表 1.4.6-3

ξ_e	Q_j	L_j	E_c	A_{ps}	S_e
0.50	656.8	15.0	30000	0.0707	2.3231
ψ	ΔZ	α			
1.00	0.6	0.206			

压缩层 No.	压缩模量(MPa)	厚度(m)	附加应力(kPa)	土的自重应力(kPa)	压缩量(mm)
(1)	9.84	0.60	284.8	187.6	17.3632
(2)	9.84	0.60	64.1	193.6	3.9100
(3)	9.84	0.30	39.7	198.1	1.2092
					$S=22.48+0.206=22.7mm$

[案例 1.4.6] 的盈建科基础设计软件单桩沉降公式计算值与手算值接近。

1.4.6.3 由盈建科基础设计软件等效作用法计算 [案例 1.4.6] 沉降

由盈建科基础设计软件等效作用法计算 [案例 1.4.3] 沉降的计算书，见表 1.4.6-4。

[案例 1.4.6] 盈建科基础设计软件沉降计算书   表 1.4.6-4

沉降经验系数	$\psi=1.20$
桩基等效沉降系数	$\psi_e=0.16$
计算土层厚度	$\Delta Z=0.6$
基底附加压力	$P_0=283.2$

压缩层 No.	压缩模量(MPa)	土层厚度(m)	附加应力(kPa)	土的自重应力(kPa)	压缩量(mm)
(1)	9.84	0.60	281.9	187.6	17.1883
(2)	9.84	0.60	256.8	193.6	15.6591
(3)	9.84	0.30	220.4	198.1	6.7198
(4)	8.70	0.60	181.5	202.6	12.5183
(5)	8.70	0.60	137.1	208.7	9.4572
(6)	8.70	0.60	104.0	214.9	7.1739
(7)	8.70	0.60	80.2	221.0	5.5338
(8)	8.70	0.60	63.1	227.1	4.3550
(9)	8.70	0.60	50.7	233.2	3.4952
(10)	8.70	0.60	41.4	239.3	2.8559
	$E'=9.23$	$Z_n=5.70$			$\sum S=84.9564$
					$S=16.3052$

[案例 1.4.6] 的盈建科基础设计软件等效作用法计算值与 340d 的实测累计沉降 38.6mm 之比为 0.42。

1.4.7 山西某单层厂房 1 号承台小桩群基础的沉降计算探讨

[案例 1.47] 与 [案例 1.47] 为山西某单层厂房 1 号、2 号承台（韩云山，2005），该工程进行了 455 天的沉降监测。

山西某单层厂房的地下水位埋深 4.5m。地基土的物理力学性质指标及承载力，见表 1.4.7-1。

地基土的物理力学性质指标及承载力表   表 1.4.7-1

层序	土的名称	物理性质		力学性质			承载力基本容许值 f_{ao} (kPa)	桩侧摩阻力标准值 q_{ik} (kPa)
				剪切试验		压缩试验		
		厚度 h (m)	重力密度 ρ (kN/m³)	内摩擦角 ϕ (°)	内聚力 C (kPa)	压缩模量 E_s (MPa)		
1	粉质黏土	3.5	19.2	21.2	18.4	7.5	110	35
2	粉质黏土	5.0	20.1	20.6	25.2	8.0	110	35
3	粉质黏土	4.8	18.9	23.6	26.7	9.0	180	40
4	黏土	6.7	19.8	17.1	33.4	8.0	240	40
5	黏土	4.2	20.0	16.9	42.6	15.3	280	40

　　[案例 1.4.7] 与 [案例 1.4.8] 均采用 4 根 0.4m×0.4m×14m 钢筋混凝土预制方桩，桩距分别为 1.6m 与 2.0m，455 天实测累计平均沉降分别为 10.8mm 与 10.2mm，接近稳定的标准。

　　[案例 4.4.7] 与 [案例 4.4.8] 实测沉降—时间曲线，如图 1.4.7-1 所示。

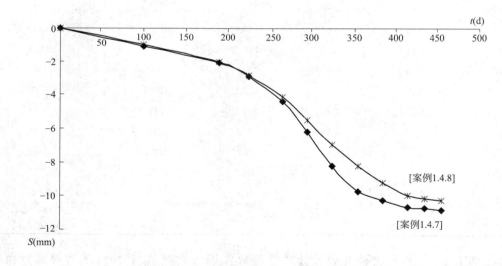

图 1.4.7-1　[案例 1.4.7] 与 [案例 1.4.8] 实测沉降—时间曲线

1.4.7.1　由《建筑桩基技术规范》单桩沉降公式计算 [案例 1.4.7] 沉降

　　[案例 1.4.7] 承台总荷载为 2200.7kN，单桩平均荷载为 550.2kN。

　　承台尺寸为 2.8m×2.8m，承台埋深 6.0m。扣除承台底土自重压力的平均附加桩顶荷载为 320kN。

　　[案例 1.4.7] 的小桩群沉降计算见表 1.4.7-2。压缩模量取 1.5×15.3＝23MPa。

[案例 1.4.7] 小桩群沉降计算表   表 1.4.7-2

$Q=320\text{kN}, \alpha=0.20, l=14\text{m}, b=0.4\text{m},$ 取 $l/d=40, \Psi=1.0$

$0.01l$ 范围内的桩为 1 根，$0.12l$ 范围内的桩为 2 根，$0.16l$ 范围内的桩为 1 根

z/l	I_p	I_{st}	σ_{zi} (kPa)	$0.2\sigma_{ci}$ (kPa)	$E_{S0.1\sim0.2}$ (MPa)	ΔZ_i (m)	分层计算沉降 (mm)
1.004	925.470	24.649	334.388	46.124	23.0	0.056	0.81
1.008	769.681	23.799	282.409	46.236	15.3	0.056	0.69
1.012	596.236	22.165	223.639	46.348	15.3	0.056	0.54
1.016	450.764	20.227	173.607	46.460	15.3	0.056	0.42
1.020	342.461	18.364	136.070	46.572	15.3	0.056	0.33
1.024	264.654	16.728	108.267	46.680	15.3	0.056	0.26
1.028	208.760	15.337	88.198	46.796	15.3	0.056	0.21
1.040	115.029	12.353	53.695	47.132	15.3	0.168	0.13
1.060	56.983	8.090	29.173	49.932	15.3	0.280	0.36
最终沉降量(mm)							3.76

$Q=320\text{kN}$，$L=14\text{m}$，$E_0=2.8\times10^4\text{N/mm}^2$，$S_e=1.18\text{mm}$（计算略）。

$S=3.76+1.18=4.9\text{mm}$。

计算结果与 455 天的实测累计沉降 10.8mm 之比为 0.45。

1.4.7.2 由盈建科基础设计软件单桩沉降公式计算 [案例 1.4.7] 沉降

由盈建科基础设计软件单桩沉降公式计算 [案例 1.4.7] 沉降的计算书，见表 1.4.7-3。

[案例 1.4.7] 盈建科基础设计软件沉降计算书   表 1.4.7-3

ξ_e	Q_j	L_j	E_c	A_{ps}	S_e
0.66	312.3	14.0	30000	0.1600	0.5995
ψ	ΔZ	α			
1.00	0.6	0.048			

压缩层 No.	压缩模量(MPa)	厚度(m)	附加应力(kPa)	土的自重应力(kPa)	压缩量(mm)
(1)	23.00	0.60	46.9	278.0	1.2238
	$E'=23.00$	$Z_n=0.60$			$\sum S=1.2238$
					$S=1.8233$

$S=1.82+1.18=3.0\text{mm}$

[案例 1.4.7] 的盈建科基础设计软件单桩沉降公式计算值小于手算值。

1.4.7.3 由盈建科基础设计软件等效作用法计算 [案例 1.4.7] 沉降

由盈建科基础设计软件等效作用法计算 [案例 1.4.7] 沉降的计算书，见表 1.4.7-4。

[案例 1.4.7] 盈建科基础设计软件沉降计算书   表 1.4.7-4

沉降经验系数	$\psi=0.62$			
桩基等效沉降系数	$\psi_e=0.13$			
计算土层厚度	$\Delta Z=0.6$			
基底附加压力	$P_0=165.5$			
压缩层 No.	压缩模量(MPa)	土层厚度(m)	附加应力(kPa)	土的自重应力(kPa)	压缩量(mm)
(1)	23.00	0.60	164.3	278.0	4.2873
(2)	23.00	0.40	149.5	283.1	2.5996
(3)	23.00	0.60	121.8	288.2	3.1782

续表

压缩层 No.	压缩模量(MPa)	厚度(m)	附加应力(kPa)	土的自重应力(kPa)	压缩量(mm)
(4)	23.00	0.60	89.2	294.3	2.3277
(5)	23.00	0.60	64.8	300.4	1.6913
(6)	23.00	0.60	48.0	306.6	1.2527
$E'=23.00$		$Z_n=3.40$			$\sum S=15.3368$
					$S=1.1999$

再乘以预制桩挤土效应系数，$S=1.3\times1.2=1.6$mm

［案例1.4.7］的盈建科基础设计软件等效作用法计算值与455天的实测累计沉降10.8mm之比为0.15。

1.4.8 山西某单层厂房2号承台小桩群基础的沉降计算探讨

1.4.8.1 由《建筑桩基技术规范》单桩沉降公式计算［案例1.4.7］沉降

［案例1.4.8］承台总荷载为2334.9kN，单桩平均荷载为583.7kN。

承台尺寸为2.8m×2.8m，承台埋深6.0m。扣除承台底土自重压力的平均附加桩顶荷载为353.4kN。

［案例1.4.8］的小桩群沉降计算见表1.4.8-1。压缩模量取$1.5\times15.3=23$MPa。

［案例1.4.8］小桩群沉降计算表 表1.4.8-1

$Q_0=353.4$kN，$\alpha=0.20$，$l=14$m，$b=0.4$m，取$l/d=40$，$\Psi=1.0$

$0.0l$范围内的桩为1根，$0.16l$范围内的桩为2根，$0.20l$范围内的桩为1根

z/l	I_p	I_{st}	σ_{zi} (kPa)	$0.2\sigma_{ci}$ (kPa)	$E_{S0.1\sim0.2}$ (MPa)	ΔZ_i (m)	分层计算沉降 (mm)
1.004	925.108	23.417	368.328	46.124	23.0	0.056	0.89
1.008	769.554	22.562	310.055	46.236	23.0	0.056	0.75
1.012	596.038	20.923	245.119	46.348	23.0	0.056	0.60
1.016	450.483	18.982	189.831	46.460	23.0	0.056	0.46
1.020	342.082	17.116	148.047	46.572	23.0	0.056	0.36
1.024	264.163	15.477	117.586	46.680	23.0	0.056	0.29
1.028	208.140	14.083	95.372	46.796	23.0	0.056	0.23
1.040	113.932	11.103	57.100	47.132	23.0	0.168	0.42
1.060	54.922	8.402	31.925	49.932	23.0	0.280	0.39
最终沉降量(mm)							4.39

$Q=353.4$kN，$L=14$m，$E_0=2.8\times10^4$N/mm^2，$S_e=1.3$mm（计算略）

$S=4.39+1.3=5.7$mm

计算结果与455天的实测累计沉降10.2mm之比为0.56。

1.4.8.2 由盈建科基础设计软件单桩沉降公式计算［案例1.4.8］沉降

由盈建科基础设计软件单桩沉降公式计算［案例1.4.8］沉降的计算书，见表1.4.8-2。

[案例 1.4.8] 盈建科基础设计软件沉降计算书   表 1.4.8-2

ξ_e	Q_j	L_j	E_c	A_{ps}	S_e
0.66	356.3	14.0	30000	0.1600	0.6841
ψ	ΔZ	α			
1.00	0.6	0.048			

压缩层 No.	压缩模量(MPa)	厚度(m)	附加应力(kPa)	土的自重应力(kPa)	压缩量(mm)
(1)	23.00	0.60	59.7	278.0	1.5581
(2)	23.00	0.40	29.6	283.1	0.5148
	$E'=23.00$	$Z_n=1.00$			$\sum S=2.0728$
					$S=2.7569$

$S=2.76+1.3=4.1\text{mm}$

[案例 1.4.8] 的盈建科基础设计软件单桩沉降公式计算值小于手算值。

1.4.8.3 由盈建科基础设计软件等效作用法计算 [案例 1.4.8] 沉降

由盈建科基础设计软件等效作用法计算 [案例 1.4.8] 沉降的计算书，见表 1.4.8-3。

[案例 1.4.8] 盈建科基础设计软件沉降计算书   表 1.4.8-3

沉降经验系数	$\psi=0.62$
桩基等效沉降系数	$\psi_e=0.13$
计算土层厚度	$\Delta Z=0.6$
基底附加压力	$P_0=180.4$

压缩层序号	压缩模量(MPa)	土层厚度(m)	附加应力(kPa)	土的自重应力(kPa)	压缩量(mm)
(1)	23.00	0.60	179.1	278.0	4.6727
(2)	23.00	0.40	162.9	283.1	2.8333
(3)	23.00	0.60	132.8	288.2	3.4638
(4)	23.00	0.60	97.2	294.3	2.5369
(5)	23.00	0.60	70.7	300.4	1.8434
(6)	23.00	0.60	52.3	306.6	1.3653
	$E'=23.00$	$Z_n=3.40$			$\sum S=16.7153$
					$S=1.3078$

再乘以预制桩挤土效应系数，$S=1.3\times1.3=1.7\text{mm}$

[案例 1.4.8] 的盈建科基础设计软件等效作用法计算值与 455 天的实测累计沉降 10.2mm 之比为 0.17。

1.5 小 结

上海、山西、辽宁等地共 8 例单桩与小群桩工程的实测沉降资料，与《建筑桩基技术规范》单桩沉降公式手算结果见表 1.5-1。

单桩与小群桩基础的沉降计算表   表 1.5-1

序号	案例名称	桩端土压缩模量 (MPa)	实测沉降① (mm)	桩基规范法② (mm)	②/①	桩长 (m)
1	上海某跨线桥 23m 单桩	4.08	21.0	32.4	1.54	23
2	上海某跨线桥 29m 单桩	10.0	13.0	33.9	2.61	29

续表

序号	案例名称	桩端土压缩模量（MPa）	实测沉降① （mm）	桩基规范法② （mm）	②/①	桩长 （m）
3	上海某跨线桥1号墩	4.08	8.9	11.4	1.28	19.5
4	上海某跨线桥2号墩	10.0	5.5	9.3	1.69	27
5	上海某跨线桥3号墩	4.08	6.6	13.6	2.06	19.5
6	辽宁某公路桥工程1号桥墩	8.7	38.6	28.9	0.75	15
7	山西某单层厂房1号承台	23.0	10.8	4.9	0.45	14
8	山西某单层厂房2号承台	23.0	10.2	5.7	0.56	14
	平均				1.37	—

由表 1.5-1 可知，《建筑桩基技术规范》单桩沉降公式手算结果与实测值之比离散性太大，由 0.45～2.63。初步结论是桩长越短，计算值越偏于不安全；桩长越长，计算值越偏于保守。

因此在检索到更多单桩、小桩群沉降数据之前，难以确定《建筑桩基技术规范》单桩沉降公式的沉降计算经验系数的取值，但肯定不能取 1.0。

上述 8 例单桩与小群桩工程的实测沉降资料，与盈建科基础设计软件的"等效作用分层总和法"与"考虑桩径影响的明德林应力解法"计算所得结果见表 1.5-2。

单桩与小群桩基础的盈建科基础设计软件沉降计算表　　　　　　　　　　表 1.5-2

序号	案例名称	实测沉降① （mm）	等效作用分层总和法② （mm）	考虑桩径影响的明德林应力解法③ （mm）	②/①	③/①
1	上海某跨线桥 23m 单桩	21.0	—	29.4	—	1.40
2	上海某跨线桥 29m 单桩	13.0		16.8	—	1.29
3	上海某跨线桥1号墩	8.9	4.1	9.6	0.46	1.08
4	上海某跨线桥2号墩	5.5	5.8	12.8	1.09	2.33
5	上海某跨线桥3号墩	6.6	8.1	10.6	1.23	1.61
6	辽宁某公路桥工程1号桥墩	38.6	16.3	22.7	0.42	0.59
7	山西某单层厂房1号承台	10.8	1.6	3.0	0.15	0.28
8	山西某单层厂房2号承台	10.2	1.7	4.1	0.17	0.40
	平均				0.59	1.12

由表 1.5-2 可知，盈建科基础设计软件的"等效作用分层总和法"与实测值之比，明显偏大或偏小，计算结果不可信。

盈建科基础设计软件的"考虑桩径影响的明德林应力解法"与实测值之比离散性较大，由 0.28～2.33；且软件计算值与手算值相差也较大，这与分层厚度取值不统一有关，还与盈建科基础设计软件的桩侧阻力分布模式与手算方法的不同有关。

因此在检索到更多单桩、小桩群沉降数据之前，难以确定盈建科基础设计软件的沉降计算经验系数的取值。但肯定不能取 1.0。

2. 盈建科基础设计软件计算常规桩基的疑难与探讨

2.1 引 言

本章所探讨的"常规桩基",属于不考虑承台底土反力的理想状态桩基础。

盈建科基础设计软件计算桩基础的起点都是桩弹簧刚度。而桩弹簧刚度的确定与沉降计算密切相关,因此承台板内力计算的关键就是桩基础的沉降计算问题。

但盈建科基础设计软件给出的是计算桩承台基础沉降的等效作用分层总和法,与计算桩筏基础沉降的明德林应力公式法(考虑桩径影响,以下不赘述),因此桩基础沉降计算结果并非唯一的。

等效作用分层总和法其实应该说是明德林应力公式法(不考虑桩径影响)的"手算版",从理论上讲两者应该是等效的。

由此可见,盈建科基础设计软件计算桩基础沉降的方法有 3 种:明德林应力公式法(桩筏基础)、等效作用分层总和法 1(简称"承台群法")、等效作用分层总和法 2(简称"整体承台法")。

所谓"承台群法"是指由等效作用分层总和法计算单一建筑物各承台桩沉降(考虑周围承台桩的影响)。所谓"整体承台法"指将单一建筑物的承台群简化为一个承台,由等效作用分层总和法计算沉降。

本章第 2 节基于上海地区 54 项预制桩工程实测沉降与计算值的对比,探讨了沉降监测时间对"沉桩挤土效应"的影响。再根据上海某高架道路 35 个桥墩桩基(预制桩与灌注桩)的实测沉降,就挤土效应系数隐含的"端阻比影响系数",进行初步探讨。

本章第 3 节就盈建科基础设计软件对常规桩基沉降计算的疑难,根据上海、浙江、福建等地 10 余例有长期实测沉降资料的工程实例,探讨明德林应力公式法、"承台群法"、"整体承台法"计算结果的保证率。

由于检索到的有关资料中,95% 以上的文献或未提供地基土的压缩曲线,或不给出上部结构的总荷载,甚至有些文献连基础平面尺寸与桩位图都未提供,因此本书有关探讨的工程实例,以上海地区为主。

2.2 等效作用分层总和法之挤土效应系数的探讨

由《建筑桩基技术规范》JGJ 94—2008 的条文说明,可知等效作用分层总和法是明德林应力公式法(不考虑桩径影响,简称"明德林应力公式法")的"手算版"。因此,两者应该是基本等价的。

对比《建筑桩基技术规范》JGJ 94—2008 的等效作用分层总和法、《建筑地基基础设计规范》GB 50007—2011 的明德林应力公式法，可知除了两者的桩基沉降计算经验系数存在少量数值上的差别外，最大的区别是等效作用分层总和法尚存在预制桩挤土效应系数与后注浆折减系数。

在手算中可以发现，明德林应力公式法计算桩基沉降时能够考虑侧阻分布模式与端阻比对沉降计算结果的影响，而等效作用分层总和法则不能考虑。因此所谓"挤土效应系数"中就可能隐含有某种"端阻比影响系数"。

2.2.1 "端阻比影响系数"的探讨

《建筑桩基技术规范》JGJ 94—2008 有关挤土效应的 110 份预制桩与灌注桩实测沉降的资料，尚未见公开报道。以下由上海某高架道路 35 个桥墩桩基（预制桩与灌注桩）的实测沉降，就挤土效应系数隐含的"端阻比影响系数"，进行初步探讨。

［案例 2.2.1-1］为上海某高架道路 1km 范围内 35 个桥墩的桩基，其中 17 个为钻孔灌注桩基础，18 个为预应力管桩基础，沉降监测时间为 600 天。（姚笑青，1999.6）

［案例 2.2.1-1］的预制桩桩长、桩间距与实测沉降，见表 2.2.1-1。

预制桩桩长、桩间距与实测沉降 表 2.2.1-1

序号	1	2	3	4	5	6	7	8	9	10	11	12	13	14	15	16	17	18
桩数	13	13	13	13	13	15	15	16	16	16	13	13	13	13	13	15	15	15
桩长(m)	54	52	50	50	51	53	53	52	52	54	54	54	54	54	54	54	54	53
桩间距	3.5 天(1.94m)																	
实测沉降(mm)	6.1	6.1	6.3	6.4	7.2	6.6	6.6	6.9	7.7	6.7	7.4	8.2	7.3	8.1	9.0	10.3	10.1	9.7

［案例 2.2.1-1］的钻孔桩桩长、桩间距与实测沉降，见表 2.2.1-2。

钻孔桩桩长、桩间距与实测沉降 表 2.2.1-2

序号	1	2	3	4	5	6	7	8	9	10	11	12	13	14	15	16	17
桩数	12	12	12	12	13	13	13	13	13	15	15	15	15	15	13	13	13
桩长(m)	52	52	52	52	52	52	52	52	53	54	54	54	54	54	54	54	54
桩间距	2.5 天(2.0m)																
实测沉降(mm)	4.5	5.0	5.0	5.1	4.5	5.2	5.7	4.2	6.4	6.0	6.5	5.5	5.0	6.7	6.6	6.6	6.9

［案例 2.2.1-1］的预制桩基础与桥墩钻孔桩基础实测平均沉降量之比为 1.353。这个结果看去似乎与挤土效应系数（1.3~1.8）是吻合的。

但预制桩基础的"实测沉降量"大于钻孔桩基础的"实测沉降量"这个事实，并不等于前者的"计算沉降量"也一定大于后者的"计算沉降量"。

因此需要以［案例 2.2.1-1］的地基土、桩型与桩长，分别由明德林应力公式法与等效作用分层总和法进行计算与比较。

［案例 2.2.1-1］的地基土物理力学性质指标见表 2.2.1-3。

地基土物理力学性质指标 表 2.2.1-3

层序	土的名称	厚度 h (m)	压缩模量 E_s (MPa)	预制桩		灌注桩	
				f_s(kPa)	f_p(kPa)	f_s(kPa)	f_p(kPa)
1	填土	1.5	—	—	—	—	—
2	粉质黏土	1.5	15	—	15	—	
3	淤泥质粉质黏土	3.5	15	—	15	—	
4	淤泥质黏土	11.0	27.5	—	22.5	—	
5-1	淤泥质黏质粉土	8.0	55	—	40	—	
5-2-1	粉质黏土	11.0	60	—	45	—	
5-3-1	粉质黏土	13.0	60	—	45	—	
5-3-2	粉质黏土	2.0	60	—	45	—	
7-2	粉细砂	>10	25.7	110	7000	80	2500

[案例 2.2.1-1] 的承台顶荷载均为 16000kN，承台底标高取地面以下 1.5m。每个承台下均布置 12 根桩（3.0m×4.0m）。所有桩端持力层均为 7-2 层粉细砂层。

1. [案例 2.2.1-1] 的 12 根 ϕ0.55m×52m 预应力管桩桩基（承台尺寸 5.1m× 7.05m）的"明德林应力公式法"计算沉降为 $S = 0.815 \times 26.2 = 21.4$mm；"等效作用分成总和法"计算沉降为 5.6mm。（计算过程略，余均同）

2. [案例 2.2.1-1] 的 12 根 ϕ0.8m×52m 钻孔灌注桩桩基（承台尺寸 5.6m×7.6m）的"明德林应力公式法"计算沉降为 $S = 0.815 \times 20.9 = 17.0$mm；"等效作用分成总和法"计算沉降为 7.8mm。

由以上计算可知，按"明德林应力公式法"计算 [案例 2.2.1-1]，预应力管桩桩基与钻孔灌注桩桩基的计算沉降之比为 1.26。这与上述 35 个桥墩预制桩基与桥墩钻孔桩基的实测平均沉降量之比 1.353 是接近的。这说明由于"明德林应力公式法"计算桩基沉降时能够考虑侧阻分布模式与端阻比例对沉降计算的影响，因此在一定程度上可以反映出同等条件下预制桩基础实际沉降大于钻孔桩基础的现实。

而按"等效作用分层总和法"计算 [案例 2.2.1-1]，预应力管桩桩基与钻孔灌注桩桩基的计算沉降之比为 0.875，反倒是钻孔灌注桩桩基的计算沉降值更大。由此可见，由于"等效作用分层总和法"计算桩基沉降时不能考虑侧阻分布模式与端阻比例对沉降计算的影响，且因为在同等条件下预制桩基的距径比一般均小于钻孔灌注桩基，因此钻孔灌注桩基的计算沉降略大于预制桩基的现象是符合"等效作用分层总和法"原理的。于是就需要引入某种系数来修正"等效作用分层总和法"特性所导致的不太合理现象。

由此可见，《建筑桩基计算规范》JGJ 94—2008 的"挤土效应系数"中隐含有"端阻比影响系数"。

2.2.2 沉降监测时间对"沉桩挤土效应"的影响

《建筑桩基技术规范》JGJ 94—2008 根据温州 10 例预制桩与 10 例灌注桩、天津 5 例预制桩与 12 例灌注桩、上海约 63 例预制桩与 10 例灌注桩的实测沉降对比,得出预制桩挤土效应系数为 1.3～1.8。

但是上海地区桩基础沉降计算采用明德林应力公式法计算时,沉降计算经验系数中并无预制桩挤土效应系数。

由此可见,可以由上海地区预制桩基础沉降计算值与实测值的对比,从上海桩基工程沉降计算是否需要引入预制桩挤土效应系数的角度,探讨该系数的适用范围。

目前只检索到《上海地基规范》(1999 年版)用于分析桩基沉降计算经验系数的 69 例桩基工程数据(裴捷,2001.1)。现将其中 54 例预制桩与钢管桩基础工程的建筑物层数、桩类型、明德林应力公式法计算沉降、实测推算最终沉降、实测时间等数据列表,见表 2.2.2-1。

上海地区预制桩与钢管桩基础明德林应力公式法计算值与实测沉降量　表 2.2.2-1

序号	工程名称	层数	桩类型	桩长/入土深度 (m)	明德林法计算沉降值①(mm)	实测沉降量 (mm)	实测推算最终沉降量②(mm)	实测时间 (d)	②/①
1	××大楼	11	方桩	26.0/30.0	75	77	93	2310	0.81
2	××冷库	7	管桩	25.3/27.0	272	275	304	4950	0.89
3	××检疫所	13	管桩	40.9/43.6	48	52	68	1200	1.42
4	××高层	20	方桩	8.0/9.9	401	322	449	3810	1.12
5	××高层	20	方桩	8.0/9.9	401	321	405	3960	1.01
6	××高层	20	方桩	8.0/9.9	401	314	419·	2880	1.04
7	××高层	22	方桩	24.5/26.4	197	97	124	2460	0.63
8	××高层	22	方桩	24.5/26.4	197	135	167	2730	0.85
9	××高层	22	方桩	24.5/26.4	197	138	159	2820	0.81
10	××高层	22	方桩	24.5/26.4	197	129	149	2550	0.76
11	××高层	22	方桩	24.5/26.4	197	141	161	2280	0.82
12	××高层	22	方桩	24.5/26.4	197	132	165	1890	0.84
13	××高层	22	方桩	24.5/26.4	197	115	147	2250	0.75
14	××高层	12	方桩	26.0/27.9	113	112	124	4140	1.10
15	××俱乐部	13	方桩	31.9/34.3	228	173	218	3210	0.96
16	××宾馆主楼	26	方桩	40.5/45.7	185	122	141	3210	0.76
17	××高层	20	方桩	24.0/26.0	168	204	236	2910	1.40
18	××高层	20	方桩	24.0/26.0	168	190	222	2910	1.32
19	××大楼	14	方桩	24.0/27.1	166	132	144	3660	0.87
20	××高层	14	方桩	22.0/24.1	165	115	141	1350	0.85
21	××新村高层	24	方桩	27.0/32.0	219	145	196	3180	0.89
22	××新村高层	24	方桩	27.0/32.0	219	127	147	3060	0.67
23	××新村高层	24	方桩	27.0/32.0	219	123	161	3240	0.74
24	××新村高层	24	方桩	27.0/32.0	219	101	125	3570	0.57
25	××新村高层	24	方桩	27.0/32.0	219	101	123	3090	0.56

序号	工程名称	层数	桩类型	桩长/入土深度 （m）	明德林法计算 沉降值①（mm）	实测沉降量 （mm）	实测推算最终 沉降量②（mm）	实测时间 （d）	②/①
26	××新村高层	18	方桩	30.0/32.2	295	144	202	3330	0.68
27	××小区高层	18	方桩	40.0/44.6	89	117	133	2400	1.49
28	××小区高层	18	方桩	27.0/31.4	139	107	124	1590	0.89
29	××小区高层	18	方桩	27.0/31.4	139	125	159	2040	1.14
30	××镇高层	18	方桩	25.0/29.5	111	83	111	2310	1.00
31	××镇高层	18	方桩	25.0/29.5	111	117	175	2310	1.58
32	××镇高层	18	方桩	35.0/38.7	85	49	58	1500	0.68
33	××镇高层	18	方桩	35.0/38.7	85	23	27	1620	0.32
34	××高层	15	方桩	28.7/33.0	245	233	301	1650	1.23
35	××高层	15	方桩	28.7/33.0	245	200	267	1350	1.09
36	××高层	15	方桩	28.7/33.0	245	202	291	1290	1.19
37	××高层	15	方桩	28.7/33.0	245	229	268	1620	1.09
38	××大厦	27	PHC	27.0/38.2	91	14	38	690	0.42
39	××大厦	33	方桩	30.5/37.3	325	90	158	870	0.49
40	××高层住宅	28	PHC	29.9/36.0	189	67	112	300	0.59
41	××宾馆	24	方桩	45.4/50.2	140	119	165	1680	1.18
42	××宾馆	29	方桩	44.1/49.7	128	97	97	1590	0.76
43	××宾馆	14	方桩	26.0/27.2	243	191	228	1320	0.94
44	××高层	22	方桩	41.0/45.2	144	107	142	1290	0.99
45	××高层	22	方桩	41.0/45.2	144	111	141	1290	0.98
46	××病房大楼	18	方桩	40.6/44.2	138	51	72	1860	0.52
47	××高层	18	方桩	23.0/25.4	142	75	101	1620	0.71
48	××高层	18	方桩	23.0/25.4	142	77	105	1620	0.74
49	××高层	18	方桩	23.0/25.4	142	74	114	1620	0.80
50	××游泳馆	3	方桩	16.0/18.8	97	99	115	3090	1.23
51	××高层	25	方桩	41.0/45.2	172	135	169	1710	0.98
52	××高层	25	方桩	41.0/45.2	172	137	165	1710	0.96
53	××高层	25	钢管桩	50.0/52.2	71	71	75	1860	1.06
54	××高层	16	钢管桩	44.0/46.0	47	18	18	480	0.38
平均值									0.899

注：表中的明德林应力公式法计算值，已经乘以《上海地基规范》（2010 年版）桩基沉降计算经验系数。

由表 2.2.2-1 可知，上海地区共 54 项预制桩与钢管桩基础工程实例中，以计算值保证率取 80% 为限，实测推算最终沉降量与明德林应力公式法计算沉降值之比大于等于 1.25 的工程实例共 5 项，占 9.3%；小于等于 0.8 的有 19 项，占 35.2%。

若在"上海预制桩基明德林应力公式法计算值与实测沉降量散点图"中，引入"沉降观测时间"这个指标，可得"上海预制桩与钢管桩的实测沉降量/沉降计算值与沉降观测时间散点图"，如图 2.2.2-1 所示。

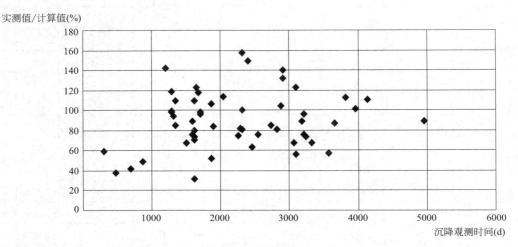

图 2.2.2-1　上海预制桩与钢管桩的实测沉降量/沉降计算值与沉降观测时间散点图

由图 2.2.2-1 可得出一个初步结论，所谓上海地区预制桩与钢管桩"沉桩挤土效应"对桩基础沉降计算值的影响，与"沉降观测时间"有着相当密切的关系：

1. 当沉降观测时间少于 3000 天，有 5 例工程实例的计算沉降偏小并超出 80％保证率（即计算沉降值偏于不安全，需乘以某种"沉桩挤土效应"），占总数的 9.3％；

2. 当沉降观测时间多于 3000 天，无 1 例计算沉降偏小并超出 80％保证率（即计算值偏于不安全，需乘以某种"沉桩挤土效应系数"）。

由此可见，预制桩"沉桩挤土效应"对桩基础沉降的影响，可能主要限于沉降观测时段的早期。随着沉降观测时间的延伸，"沉桩挤土效应"的影响或许将趋于消失。

这可能就是《建筑地基基础设计规范》GB 50007—2011 的明德林应力公式法，不需要引入预制桩挤土效应系数的原因。

由等效作用分层总和法的灌注桩后注浆沉降计算经验系数取值，与桩端持力土层类型相关，上述系数所相关的主要是指"桩端后注浆灌注桩"。因此将此系数直接应用于"桩端桩侧后注浆灌注桩"或"桩侧后注浆灌注桩"的沉降计算，是有一定疑问的。

随着灌注桩桩侧注浆技术、变截面灌注桩技术等的发展，可以预见等效作用分层总和法还需引入更多的修正系数。其根本原因，就是等效作用分层总和法不能反映桩侧阻分布模式与端阻比对沉降计算的影响。

而且因为上述原因，应用等效作用分层总和法计算预制桩基沉降时，至少应考虑数值为 1.3 的"端阻比影响系数"，该系数与预制桩基实际上是否产生挤土现象无关。

由于缺少上海地区以外的钻孔桩与预制桩实测沉降资料，尤其是尚未检索到《建筑桩基技术规范》JGJ 94—2008 给出预制桩挤土效应系数最大达到 1.8 的工程实例资料，因此目前上述初步结论只适用于上海地区的钻孔桩与预制桩。

2.3　盈建科基础设计软件计算常规桩基沉降的疑难

盈建科基础设计软件给出计算桩基沉降的方法有 3 种 4 类："上海地基基础规范法"、整体"等效作用分层总和法"、承台群"等效作用分层总和法"与"考虑桩径影响的明德林应力公式法"。

"上海地基基础规范法"其实就是国标《建筑地基基础技术规范》GB 50007—2011 推荐的"不考虑桩径影响的明德林应力公式法"，只不过泊松比取 $\mu = 0.4$ 而已。盈建科基础设计软件称之为"上海地基基础规范法"，极易使人误会为只适用于上海地区。

整体"等效作用分层总和法"。即手算版的"不考虑桩径影响的明德林应力公式法"，但由于多年的坚持与积累，已经演变为另一套桩基沉降方法。

明德林应力计算公式法（不考虑桩径影响）计算桩基础沉降，是将各单桩在桩群中心点所产生的附加应力，逐根叠加后按分层总和法计算得到的。作为"手算版明德林应力计算公式法"的等效作用分层总和法，从理论上讲，应该也可以按上述步骤计算桩基沉降。因此对于常见的同一建筑物的"承台群"，也能通过"等效作用分层总和法"的叠加法计算沉降。

《建筑桩基技术规范》规定"考虑桩径影响的明德林应力公式法"适用于单桩、单排桩沉降计算。盈建科基础设计软件将其推广到一般桩基工程。

本节由有可靠实测沉降量的工程实例，对盈建科基础设计软件的上述疑难进行探讨。

2.3.1　"等效作用分层总和法"（承台群）的探讨

［案例 2.3.1］为上海某 7 层冷库，无梁楼盖结构（黄绍铭，1982）。属于《上海地基基础规范》（1999 年版）用于桩基沉降计算经验系数统计分析的 69 幢建筑之一，因此数据比较可靠。

［案例 2.3.1］地基土物理力学性质指标，见表 2.3.1-1。

地基土物理力学性质指标

表 2.3.1-1

层序	土的名称	厚度 h（m）	桩侧摩阻力极限值 q_{sk}（kPa）	桩端阻力极限值 q_{pk}（kPa）	压缩模量 E_s（MPa）
1	杂填土	1.1	—	—	—
2	灰黄色粉质黏土	3.7	15	—	—
3	灰色淤泥质粉质黏土	7.8	30	—	—
4	灰色淤泥质粉质黏土	8.2	50	—	—
5	灰色黏土	5.2	65	—	—
6	暗绿色粉质黏土	3.7	100	2000	13.0
7	褐黄色粉质黏土	6.0	—	—	13.0
8	黄色粉砂	20.0	—	—	21.5
9	灰黄色细砂	>5.6	—	—	21.5

注：压缩模量为考虑土的自重压力至土的自重压力加附加压力作用时的压缩模量。

[案例 2.3.1] 采用预制钢筋混凝土方桩，桩长 26m，桩断面 450mm×450mm。采用第 6 层暗绿色粉质黏土作为桩端持力层，埋深 0.7m。共 724 根，每根柱下布置 8～9 根桩，属于承台群桩基础，上部总荷载为 518600kN。

[案例 2.3.1] 桩位平面图，如图 2.3.1-1 所示。

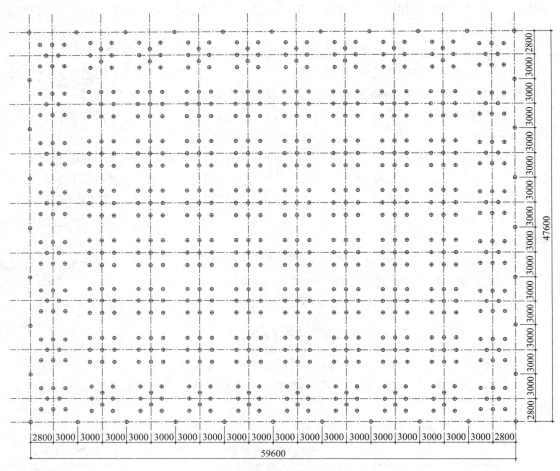

图 2.3.1-1 [案例 2.3.1] 桩位平面图

[案例 2.3.1] 沉降实测时间由 1959 年 3 月至 1972 年 12 月，历时 13.75 年，实测最后平均沉降量为 275mm，最终沉降速率为 0.005mm/d，已达到沉降稳定的标准（连续两次半年沉降量不超过 2mm）。实测推算最终沉降量为 304mm。

计算参数如下：$L/b=60.5/48.5$，桩长 26m，基底附加压力 $P_0=(518600/60.5) \times 48.5=176.74$kPa。

[案例 2.3.1] 的"等效作用分层总和法"手算沉降值（按整体桩群）为 167mm，与实测推算最终沉降值 304mm 之比为 0.55。计算结果不满足 80% 保证率的要求，见表 2.3.1-2。

由 $L_c=60.5$m，$B_c=48.5$m，$n=724$，$l=26$m，$b=0.45$m，可得：

$n_b=24.1$，$C_0=0.0388$，$C_1=1.765$，$C_2=11.244$，$\psi_e=0.483$，$\psi=0.74$，挤土效

应系数取 1.5。

[案例 2.3.1] 的"等效作用分层总和法"（承台群）手算计算书 表 2.3.1-2

土层	桩端以下深度 Z(m)	L_c (m)	B_c (m)	L_c/B_c	$2Z/B_c$	$\bar{\alpha}_i$	$Z_i\bar{\alpha}_i - Z_{i-1}\bar{\alpha}_{i-1}$	E_s	$\dfrac{Z_i\alpha_i - Z_{i-1}\alpha_{i-1}}{E_s}$
粉质黏土	9.0	60.5	48.5	1.247	0.371	0.2482	2.2338	13.0	0.1718
粉砂	40.5				1.67	0.1984	5.8014	21.5	0.2698

$$P_0 = 176.74\text{kPa}, \sum_{i=1}^{n} \frac{Z_i\alpha_i - Z_{i-1}\alpha_{i-1}}{E_s} = 0.4416, \bar{E}_s = 18.2, \psi_e = 0.483$$

$$S = 4\psi_e\psi P_0 \sum_{i=1}^{n} \frac{Z_i\alpha_i - Z_{i-1}\alpha_{i-1}}{E_s} = 4\times0.483\times1.5\times0.74\times176.74\times0.4416 = 167\text{mm}$$

[案例 2.3.1] 中心承台的"等效作用分层总和法"（承台群）盈建科基础设计软件计算书（系数取 1.0），见表 2.3.1-3。其中"沉降计算参数"需"考虑相邻荷载的水平影响范围"取 100m，沉降计算经验系数按默认取"1.0"。

[案例 2.3.1] 的"等效作用分层总和法"（承台群）计算书（系数取 1.0） 表 2.3.1-3

沉降经验系数	$\psi = 0.76$
桩基等效沉降系数	$\psi_e = 0.13$
计算土层厚度	$\Delta Z = 0.8$
基底附加压力	$P_0 = 321.6$

压缩层序号	压缩模量(MPa)	土层厚度(m)	附加应力(kPa)	土的自重应力(kPa)	压缩量(mm)
(1)	13.00	0.80	320.4	215.2	19.7185
(2)	13.00	0.70	300.6	222.1	16.1881
(3)	13.00	0.80	261.5	229.0	16.0893
(4)	13.00	0.80	221.8	236.4	13.6504
(5)	13.00	0.80	195.8	243.7	12.0464
(6)	13.00	0.80	181.9	251.1	11.1958
(7)	13.00	0.80	175.7	258.4	10.8146
(8)	13.00	0.80	173.4	265.8	10.6725
(9)	13.00	0.80	172.7	273.1	10.6305
(10)	13.00	0.40	172.6	278.7	5.3099
(11)	21.50	0.80	172.4	284.6	6.4152
(12)	21.50	0.80	172.0	292.7	6.3999
(13)	21.50	0.80	171.3	300.9	6.3732
(14)	21.50	0.80	170.2	309.0	6.3344
(15)	21.50	0.80	168.9	317.2	6.2847
(16)	21.50	0.80	167.3	325.3	6.2252
(17)	21.50	0.80	165.5	333.5	6.1573
(18)	21.50	0.80	163.5	341.7	6.0823
(19)	21.50	0.80	161.3	349.8	6.0013
(20)	21.50	0.80	159.0	358.0	5.9151
(21)	21.50	0.80	156.5	366.1	5.8246
(22)	21.50	0.80	154.0	374.3	5.7305
(23)	21.50	0.80	151.4	382.4	5.6334
(24)	21.50	0.80	148.7	390.6	5.5340
(25)	21.50	0.80	146.0	398.7	5.4328
(26)	21.50	0.80	143.2	406.9	5.3302
(27)	21.50	0.80	140.5	415.1	5.2267

续表

压缩层序号	压缩模量(MPa)	土层厚度(m)	附加应力(kPa)	土的自重应力(kPa)	压缩量(mm)
(28)	21.50	0.80	137.7	423.2	5.1226
(29)	21.50	0.80	134.9	431.4	5.0183
(30)	21.50	0.80	132.1	439.5	4.9141
(31)	21.50	0.80	129.3	447.7	4.8104
(32)	21.50	0.80	126.5	455.8	4.7072
(33)	21.50	0.80	123.8	464.0	4.6050
(34)	21.50	0.80	121.0	472.1	4.5037
(35)	21.50	0.80	118.4	480.3	4.4038
(36)	21.50	0.80	115.7	488.4	4.3051
(37)	21.50	0.80	113.1	496.6	4.2080
(38)	21.50	0.80	110.5	504.8	4.1125
(39)	21.50	0.80	108.0	512.9	4.0186
(40)	21.50	0.80	105.5	521.1	3.9265
(41)	21.50	0.80	103.1	529.2	3.8362
	$E'=17.79$	$Z_n=32.30$			$\sum S=289.7088$
					$S=28.6483$

[案例 2.3.1] 中心承台的"等效作用分层总和法"（承台群）盈建科基础设计软件计算值为 $27.1 \times 1.3 = 35.2$mm（乘以挤土效应系数），与实测推算最终沉降量为 304mm 之比为 0.12，计算结果不满足 80% 保证率的要求。可知在盈建科基础设计软件的"沉降计算参数"中"沉降计算经验系数"取"1.0"（即使按《建筑桩基技术规范》有关规定取值，恰好等于 1.0），则软件按单个承台、并考虑周边承台影响计算沉降。

[案例 2.3.1] 中心承台的"等效作用分层总和法"（承台群）盈建科基础设计软件计算书（系数按《建筑桩基技术规范》），见表 2.3.1-4。其中"沉降计算参数"需"考虑相邻荷载的水平影响范围"取 100m，预制桩挤土效应系数取 1.5，沉降计算经验系数按《建筑桩基技术规范》取 0.75。

[案例 2.3.1] 的"等效作用分层总和法"（承台群）计算书（系数按《建筑桩基技术规范》）

表 2.3.1-4

沉降经验系数	$\psi=1.13$
桩基等效沉降系数	$\psi_e=1.00$
计算土层厚度	$\Delta Z=0.8$
基底附加压力	$P_0=321.6$

压缩层 No.	压缩模量(MPa)	土层厚度(m)	附加应力(kPa)	土的自重应力(kPa)	压缩量(mm)
(1)	13.00	0.80	320.4	215.2	19.7185
(2)	13.00	0.70	300.6	222.1	16.1881
(3)	13.00	0.80	261.5	229.0	16.0893
(4)	13.00	0.80	221.8	236.4	13.6504
(5)	13.00	0.80	195.8	243.7	12.0464

续表

压缩层 No.	压缩模量（MPa）	土层厚度（m）	附加应力（kPa）	土的自重应力（kPa）	压缩量（mm）
(6)	13.00	0.80	181.9	251.1	11.1958
(7)	13.00	0.80	175.7	258.4	10.8146
(8)	13.00	0.80	173.4	265.8	10.6725
(9)	13.00	0.80	172.7	273.1	10.6305
(10)	13.00	0.40	172.6	278.7	5.3099
(11)	21.50	0.80	172.4	284.6	6.4152
(12)	21.50	0.80	172.0	292.7	6.3999
(13)	21.50	0.80	171.3	300.9	6.3732
(14)	21.50	0.80	170.2	309.0	6.3344
(15)	21.50	0.80	168.9	317.2	6.2847
(16)	21.50	0.80	167.3	325.3	6.2252
(17)	21.50	0.80	165.5	333.5	6.1573
(18)	21.50	0.80	163.5	341.7	6.0823
(19)	21.50	0.80	161.3	349.8	6.0013
(20)	21.50	0.80	159.0	358.0	5.9151
(21)	21.50	0.80	156.5	366.1	5.8246
(22)	21.50	0.80	154.0	374.3	5.7305
(23)	21.50	0.80	151.4	382.4	5.6334
(24)	21.50	0.80	148.7	390.6	5.5340
(25)	21.50	0.80	146.0	398.7	5.4328
(26)	21.50	0.80	143.2	406.9	5.3302
(27)	21.50	0.80	140.5	415.1	5.2267
(28)	21.50	0.80	137.7	423.2	5.1226
(29)	21.50	0.80	134.9	431.4	5.0183
(30)	21.50	0.80	132.1	439.5	4.9141
(31)	21.50	0.80	129.3	447.7	4.8104
(32)	21.50	0.80	126.5	455.8	4.7072
(33)	21.50	0.80	123.8	464.0	4.6050
(34)	21.50	0.80	121.0	472.1	4.5037
(35)	21.50	0.80	118.4	480.3	4.4038
(36)	21.50	0.80	115.7	488.4	4.3051
(37)	21.50	0.80	113.1	496.6	4.2080
(38)	21.50	0.80	110.5	504.8	4.1125
(39)	21.50	0.80	108.0	512.9	4.0186
(40)	21.50	0.80	105.5	521.1	3.9265
(41)	21.50	0.80	103.1	529.2	3.8362
	$E'=17.79$	$Z_n=32.30$			$\sum S=289.7088$
					$S=325.9224$

[案例 2.3.1] 中心承台的"等效作用分层总和法"（承台群）盈建科基础设计软件计算值为 325mm，与实测推算最终沉降量为 304mm 之比为 1.07。似乎在这种状况下计算结果满足 80%保证率的要求。

但是在上述状况下，盈建科基础设计软件计算所得的桩基等效沉降系数 Ψ_e 为 1.0，这显然不符合《建筑桩基技术规范》规定。由此可见，在这种状况下盈建科基础设计软件不能自动完成承台群沉降的计算。

还有一点需要明确，就是建筑物计算沉降值的取值问题。如［案例 2.3.1］角部 8 桩承台的"等效作用分层总和法"（承台群）盈建科基础设计软件计算值为：$S=96.2\text{mm}$，与实测推算最终沉降量为 304mm 之比为 0.32；角部单桩承台的"等效作用分层总和法"（承台群）盈建科基础设计软件计算值为：$S=49.8\text{mm}$，与实测推算最终沉降量为 304mm 之比为 0.16。计算结果均不满足 80% 保证率的要求。最主要的问题是，［案例 2.3.1］的实测最后平均沉降量为 275mm 是由该冷库周边测点测得的，并未出现理论计算的各点悬殊沉降值。

若"沉降计算参数"的"考虑相邻荷载的水平影响范围"按软件默认值取 20m，预制桩挤土效应系数取 1.5，则中心承台的"等效作用分层总和法"（承台群）盈建科基础设计软件沉降计算值为：$S=274\text{mm}$。可见"考虑相邻荷载的水平影响范围"的取值大小，对承台群的计算沉降值有一定影响。

可见盈建科基础设计软件"等效作用分层总和法"（承台群）计算结果的选用，应特别慎重。既不能选用各承台计算值的平均值，也不能随意选用最大值（因为柱荷载的不均匀）。这一点应引起特别注意，因为这是工程实践中常见的失误。

可以很方便地证明，承台群划分得越分散，"等效作用分层总和法"沉降计算值就越小。这与"等效作用分层总和法"的基本原理有关。

总之，既然从原理上看，"等效作用分层总和法"只是"不考虑桩径影响明德林应力公式法"的手算版，且"等效作用分层总和法"需要引入多种系数；盈建科基础设计软件的"等效作用分层总和法"（承台群）计算结果，或是偏于不安全，或是还需按《建筑桩基技术规范》规定进行手算修正；此外"等效作用分层总和法"不能计算不等长桩基沉降。因此还不如直接应用"不考虑桩径影响明德林应力公式法"作为桩基沉降计算的首选方法。

［案例 2.3.1］的"不考虑桩径影响明德林应力公式法"（即"上海地基基础规范法"）手算沉降值为 $1.05\times243=255\text{mm}$，与实测推算最终沉降值 304mm 之比为 0.84。计算结果满足 80% 保证率的要求。手算压缩层厚度为 42.7m。（计算过程略）

［案例 2.3.1］的盈建科基础设计软件"上海地基基础规范法"的计算书，见表 2.3.1-5。

盈建科基础设计软件"上海地基基础规范法"计算书　　　　表 2.3.1-5

Q_j	L_j	E_c	A_{ps}		
751.3	26.0	30000	0.2025		
ψ	ΔZ	α			
1.05	0.8	0.151			
压缩层 No.	压缩模量（MPa）	厚度（m）	附加应力（kPa）	土的自重应力（kPa）	压缩量（mm）
(1)	13.00	0.80	194.6	215.2	11.9752
(2)	13.00	0.70	99.8	222.1	5.3743
(3)	13.00	0.80	94.0	229.0	5.7853

续表

压缩层 No.	压缩模量(MPa)	厚度(m)	附加应力(kPa)	土的自重应力(kPa)	压缩量(mm)
(4)	13.00	0.80	85.6	236.4	5.2671
(5)	13.00	0.80	82.4	243.7	5.0728
(6)	13.00	0.80	77.6	251.1	4.7746
(7)	13.00	0.80	75.6	258.4	4.6522
(8)	13.00	0.80	67.8	265.8	4.1706
(9)	13.00	0.80	67.8	273.1	4.1706
(10)	13.00	0.40	67.8	278.7	2.0853
(11)	21.50	0.80	61.0	284.6	2.2692
(12)	21.50	0.80	61.0	292.7	2.2692
(13)	21.50	0.80	61.0	300.9	2.2692
(14)	21.50	0.80	61.0	309.0	2.2692
(15)	21.50	0.80	54.7	317.2	2.0336
(16)	21.50	0.80	54.7	325.3	2.0336
(17)	21.50	0.80	54.7	333.5	2.0336
(18)	21.50	0.80	48.8	341.7	1.8172
(19)	21.50	0.80	48.8	349.8	1.8172
(20)	21.50	0.80	48.8	358.0	1.8172
(21)	21.50	0.80	0.0	366.1	0.0000
	$E'=15.37$	$Z_n=16.30$			$\sum S=73.9573$
					$S=77.6552$

[案例 2.3.1] 的盈建科基础设计软件"上海地基基础规范法"计算值为 77.7mm，与实测推算最终沉降量为 304mm 之比为 0.26。

计算值明显偏小的原因之一，与盈建科基础设计软件将沉降计算范围限定在 0.6 倍桩长以内，以致大量桩位于沉降计算范围以外有着密切的关系。

其次，同样为"不考虑桩径影响明德林应力公式法"，盈建科基础设计软件"上海地基基础规范法"的计算压缩层厚度 16.3m，仅为手算压缩层厚度 42.7m 的 38%；且在 0.8m 厚的计算压缩层之内，计算附加应力由 48.8kPa，突然衰变为零，这很不正常。

由于盈建科基础设计软件应用手册并未介绍软件中有关"上海地基基础规范法"的设定，因此难以判断是否泊松比取值、桩侧阻力模式的选定等因素，导致出现上述不正常现象。

[案例 2.3.1] 的盈建科基础设计软件"考虑桩径影响的明德林应力公式法"的计算书，见表 2.3.1-6。

盈建科基础设计软件"考虑桩径影响的明德林应力公式法"计算书　　表 2.3.1-6

ξ_e	Q_j	L_j	E_c	A_{ps}	S_e
0.50	954.2	26.0	30000	0.2025	2.0419
ψ	ΔZ	α			
1.00	1.0	0.156			
压缩层 No.	压缩模量(MPa)	厚度(m)	附加应力(kPa)	土的自重应力(kPa)	压缩量(mm)
(1)	13.00	1.00	188.7	202.8	14.5170
(2)	13.00	1.00	104.3	212.0	8.0267
(3)	13.00	0.50	91.6	218.9	3.5229

压缩层 No.	压缩模量（MPa）	厚度（m）	附加应力（kPa）	土的自重应力（kPa）	压缩量（mm）
(4)	13.00	1.00	87.3	225.8	6.7136
(5)	13.00	1.00	81.0	235.0	6.2300
(6)	13.00	1.00	76.6	244.2	5.8945
(7)	13.00	1.00	68.6	253.4	5.2802
(8)	13.00	1.00	68.6	262.6	5.2802
(9)	13.00	1.00	61.8	271.8	4.7529
(10)	21.50	1.00	61.8	281.5	2.8738
(11)	21.50	1.00	61.8	291.7	2.8738
(12)	21.50	1.00	55.4	301.9	2.5762
$E'=14.03$		$Z_n=11.50$			$\sum S=68.5418$
					$S=70.5837$

[案例 2.3.1] 的盈建科基础设计软件"考虑桩径影响的明德林应力公式法"计算值为 70.6mm，与实测推算最终沉降量 304mm 之比为 0.23。

计算值明显偏小的原因，主要与盈建科基础设计软件将沉降计算范围限定在 0.6 倍桩长以内，以致大量桩位于沉降计算范围以外有着密切的关系。

2.3.2 盈建科基础设计软件计算常规桩基沉降的探讨

由上节关于"等效作用分层总和法"（承台群）的探讨；再由《建筑桩基技术规范》的说明，"等效作用分层总和法"实际上为"不考虑桩径影响明德林应力公式法"的手算版。因此以下案例的沉降计算分别采用"上海地基基础规范法"与"考虑桩径影响的明德林应力公式法"这 2 种方法进行。

盈建科基础设计软件"考虑桩径影响的明德林应力公式法"的计算结果，有时会出现沉降计算深度达到 0.1 倍土自重应力的情况，而非《建筑桩基技术规范》规定的 0.2 倍土自重应力。这一点需要注意。

2.3.2.1 上海某 20 层剪力墙工程桩基沉降计算探讨

[案例 2.3.2.1] 即《建筑桩基技术规范》表 4 中序号 4 的"20 层剪力墙"（陈强华，1990），为上海普陀区某 20 层剪力墙住宅。地基土物理力学性质指标，见表 2.3.2.1-1。

地基土的物理力学性质指标　　　　表 2.3.2.1-1

层序	土的名称	物理性质				力学性质			
		厚度 h (m)	含水量 ω (%)	重力密度 ρ (g/cm³)	天然孔隙比 e	剪切试验		压缩试验	
						内摩擦角 ϕ (°)	内聚力 C (kPa)	压缩模量 $E_{S0.1\sim0.2}$ (MPa)	压缩系数 α^{1-2} (MPa⁻¹)
1	杂填土	1.0	—	—	—	—	—	—	—
2	褐黄色黏质粉土	1.9	35.1	1.85	0.979	20.00	12	6.83	0.28
3	灰色砂质粉土、粉砂	9.9	32.9	1.88	0.909	27.75	6	10.31	0.18
4	灰色黏土	7.7	38.9	1.82	1.091	7.25	18	3.55	0.56
5	灰色粉质黏土	4.3	34.3	1.85	0.982	9.75	21	4.12	0.46

层序	土的名称	物理性质				力学性质			
		厚度 h (m)	含水量 ω (%)	重力密度 ρ (g/cm³)	天然孔隙比 e	剪切试验		压缩试验	
						内摩擦角 ϕ (°)	内聚力 C (kPa)	压缩模量 $E_{S0.1\sim0.2}$ (MPa)	压缩系数 α^{1-2} (MPa⁻¹)
6	暗绿色粉质黏土	>3.0	22.1	2.03	0.642	18.75	32	8.50	0.19

[案例2.3.2.1] 的基础设计采用半地下室加短桩。箱形基础高2.9m，埋深1.7m，箱基底板为梁板式结构，基础梁宽0.6m，底板厚0.3m；箱基底面积489.3m²。以粉砂层为桩基持力层，建筑物总重（扣除水浮力后）为95220kN，共布置183根0.4m×0.4m×7.5m钢筋混凝土短桩。[案例2.3.2.1] 桩位平面图，如图2.3.2.1-1所示。

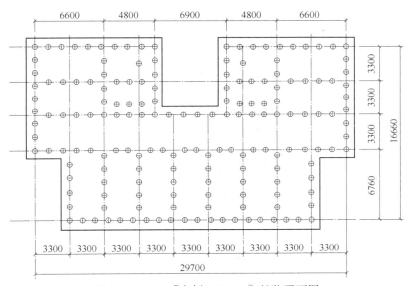

图2.3.2.1-1　[案例2.3.2.1] 桩位平面图

[案例2.3.2.1] 竣工后730天实测沉降为245mm，实测推算最终沉降为397mm。

[案例2.3.2.1] 时间—沉降曲线，如图2.3.2.1-2所示。

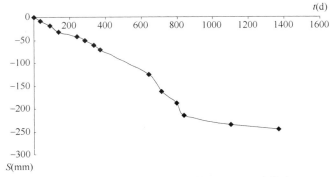

图2.3.2.1-2　[案例2.3.2.1] 时间—沉降曲线

[案例 2.3.2.1] 的"不考虑桩径影响明德林应力公式法"手算沉降值为 510mm，与实测推算最终沉降之比为 1.284。基本满足沉降计算保证率 80% 的要求。手算压缩层厚度为 23.25m。（计算过程略）

[案例 2.3.2.1] 的盈建科基础设计软件"上海地基基础规范法"的计算书，见表 2.3.2.1-2。

盈建科基础设计软件"上海地基基础规范法"计算书　　　表 2.3.2.1-2

Q_j	L_j	E_c	A_{ps}		
508.8	7.5	30000	0.1600		
ψ	ΔZ	α			
1.05	1.0	0.445			
压缩层 No.	压缩模量（MPa）	厚度（m）	附加应力（kPa）	土的自重应力（kPa）	压缩量（mm）
(1)	11.60	1.00	202.5	71.6	17.4589
(2)	11.60	1.00	105.1	80.6	9.0575
(3)	11.60	1.00	79.6	89.6	6.8644
(4)	11.60	0.60	70.6	96.8	3.6494
(5)	3.61	1.00	62.6	103.7	17.3356
(6)	3.61	1.00	0.0	112.1	0.0000
	$E'=9.05$	$Z_n=5.60$			$\sum S=54.3657$
					$S=57.0840$

[案例 2.3.2.1] 的盈建科基础设计软件"上海地基基础规范法"计算值为 57.1mm，与实测推算最终沉降量 397mm 之比为 0.14。

计算值明显偏小的原因之一，与盈建科基础设计软件将沉降计算范围限定在 0.6 倍桩长以内，以致大量桩位于沉降计算范围以外有着密切的关系。

其次，同样为"不考虑桩径影响明德林应力公式法"，盈建科基础设计软件"上海地基基础规范法"的计算压缩层厚度 5.6m，仅为手算压缩层厚度 23.25m 的 24%；且在1.0m 厚的计算压缩层之内，计算附加应力由 38.6kPa，突然衰变为零，这很不正常。

由于盈建科基础设计软件应用手册并未介绍软件中有关"上海地基基础规范法"的设定，因此难以判断是否泊松比取值、桩侧阻力模式的选定等因素，导致出现上述不正常现象。

[案例 2.3.2.1] 的盈建科基础设计软件"考虑桩径影响的明德林应力公式法"的计算书见表 2.3.2.1-3。

盈建科基础设计软件"考虑桩径影响的明德林应力公式法"计算书　　　表 2.3.2.1-3

ξ_e	Q_j	L_j	E_c	A_{ps}	S_e
0.67	509.9	7.5	30000	0.1600	0.5312
ψ	ΔZ	α			
1.00	1.0	0.445			
压缩层 No.	压缩模量（MPa）	厚度（m）	附加应力（kPa）	土的自重应力（kPa）	压缩量（mm）
(1)	11.60	1.00	206.0	71.6	17.7618
(2)	11.60	1.00	108.3	80.6	9.3373
(3)	11.60	1.00	80.6	89.6	6.9448
(4)	11.60	0.60	71.1	96.8	3.6778
(5)	3.61	1.00	62.9	103.7	17.4342
(6)	3.61	1.00	0.0	112.1	0.0000
	$E'=9.07$	$Z_n=5.60$			$\sum S=55.1560$
					$S=55.6872$

［案例 2.3.2.1］的盈建科基础设计软件"考虑桩径影响的明德林应力公式法"计算值为 55.7mm，与实测推算最终沉降量 397mm 之比为 0.14。

计算值明显偏小的原因，主要与盈建科基础设计软件将沉降计算范围限定在 0.6 倍桩长以内，以致大量桩位于沉降计算范围以外有着密切的关系。

其次，同样为"不考虑桩径影响明德林应力公式法"，盈建科基础设计软件"上海地基基础规范法"的计算压缩层厚度 5.6m，仅为手算压缩层厚度 23.25m 的 24%；且在 1.0m 厚的计算压缩层之内，计算附加应力由 62.9kPa 突然衰变为零，这很不正常，原因不明。

2.3.2.2 上海某 12 层剪力墙工程桩基沉降计算探讨

［案例 2.3.2.2］即《建筑桩基技术规范》表 4 中序号 5 的"12 层剪力墙"（贾宗元，1990），为上海徐汇区某 12 层建筑。地基土物理力学性质指标系由原地质勘查报告摘录，较为难得。

［案例 2.3.2.2］地基土物理力学性质指标，见表 2.3.2.2-1。

地基土物理力学性质指标 表 2.3.2.2-1

层序	土的名称	物理性质				力学性质	
		厚度 h（m）	含水量 ω（%）	重力密度 ρ（N/cm³）	天然孔隙比 e	压缩试验	
						压缩模量 $E_{s0.1\sim0.2}$（MPa）	压缩模量 E_s（MPa）
1	杂填土	1.3	—	—	—	—	—
2	粉质黏土	1.6	37.1	18.5	1.023	3.31	—
3	淤泥质粉质黏土	4.6	48.5	17.4	1.321	2.12	—
4	淤泥质黏土	6.3	50.5	17.3	1.384	1.78	—
5	黏土	5.3	40.5	18.0	1.139	3.15	—
6	粉质黏土	9.3	32.6	18.7	0.929	4.61	—
7	暗绿色粉质黏土	2.7	21.6	20.5	0.619	8.86	12.0
8	黏质粉土	0.9	22.6	20.3	0.637	8.86	12.0
9	粉砂	6.5	29.2	18.9	0.839	11.31	22.0
10	细砂	3.0	30.3	18.6	0.877	13.26	28.3
11	细砂	>14.5	28.4	19.0	0.813	16.27	40.6

注：第二栏压缩模量为考虑土的自重压力至土的自重压力加附加压力作用时的压缩模量。

［案例 2.3.2.2］采用预制钢筋混凝土方桩，桩长 25.5m，桩断面 450mm×450mm。采用第 7 层暗绿色粉质黏土作为桩端持力层，共 82 根。底板厚度 900mm。基底附加压力为 145.73kPa。桩位平面图，如图 2.3.2.2-1 所示。

［案例 2.3.2.2］沉降实测时间历时 6.4 年，实测最后平均沉降量为 77mm，最终沉降速率为 0.003mm/d，实测推算最终沉降量为 93mm。

［案例 2.3.2.2］实测沉降—时间曲线，如图 2.3.2.2-2 所示。

［案例 2.3.2.2］的"不考虑桩径影响明德林应力公式法"手算沉降值为 74.6mm，与实测推算最终沉降之比为 0.802。满足沉降计算保证率 80% 的要求。手算压缩层厚度为

17.7m。(计算过程略)

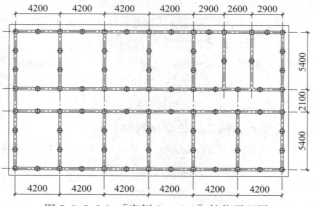

图 2.3.2.2-1 [案例 2.3.2.2] 桩位平面图

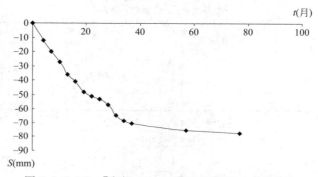

图 2.3.2.2-2 [案例 2.3.2.2] 实测沉降—时间曲线

[案例 2.3.2.2] 的盈建科基础设计软件"上海地基基础规范法"的计算书,见表 2.3.2.2-2。

盈建科基础设计软件"上海地基基础规范法"计算书　　　　表 2.3.2.2-2

Q_j	L_j	E_c	A_{ps}		
689.0	25.5	30000	0.2025		
ψ	ΔZ	α			
1.05	1.0	0.180			
压缩层 No.	压缩模量(MPa)	厚度(m)	附加应力(kPa)	土的自重应力(kPa)	压缩量(mm)
(1)	22.00	1.00	128.1	271.9	5.8240
(2)	22.00	1.00	52.9	282.1	2.4054
(3)	22.00	1.00	45.8	292.3	2.0814
(4)	22.00	1.00	42.6	302.5	1.9375
(5)	22.00	0.50	40.1	310.1	0.9112
(6)	28.30	1.00	38.9	317.1	1.3756
(7)	28.30	1.00	33.8	325.9	1.1942
(8)	28.30	1.00	33.8	334.7	1.1942
(9)	40.60	1.00	29.4	343.7	0.7248
	$E'=24.11$	$Z_n=8.50$			$\sum S=17.6483$
					$S=18.5308$

[案例 2.3.2.2]的盈建科基础设计软件"上海地基基础规范法"计算值为 18.5mm，与实测推算最终沉降量 93mm 之比为 0.20。

计算值明显偏小的原因之一，与盈建科基础设计软件将沉降计算范围限定在 0.6 倍桩长以内，以致部分桩位于沉降计算范围以外有着密切的关系。

其次，同样为"不考虑桩径影响明德林应力公式法"，盈建科基础设计软件"上海地基基础规范法"的计算压缩层厚度 13.5m，仅为手算压缩层厚度 17.7m 的 76%，这不太正常，原因不明。

[案例 2.3.2.2]的"考虑桩径影响的明德林应力公式法"的手算计算书，见表 2.3.2.2-3。

"考虑桩径影响的明德林应力公式法"手算计算书 表 2.3.2.2-3

$Q=666.2$kN$, \alpha=0.215, l=25.3$m$, b=0.45$m$, l/d=50$，

$0.04l$ 范围内的桩为 1 根$,0.06l$ 范围内的桩为 1 根$,0.08l$ 范围内的桩为 4 根$,0.10l$ 范围内的桩为 2 根$,0.16l$ 范围内的桩为 6 根$,0.20l$ 范围内的桩为 14 根$,0.40l$ 范围内的桩为 12 根$,0.50l$ 范围内的桩为 21 根

z/l	I_p	I_{st}	σ_{zi} (kPa)	σ_{ci} (kPa)	E_S (MPa)	ΔZ_i (m)	分层计算沉降 (mm)
1.004	1400.837	73.460	373.5	—	12.0	0.1012	3.15
1.008	1075.589	71.744	299.3	—	12.0	0.1012	2.52
1.012	770.977	68.895	228.8	—	12.0	0.1012	1.93
1.016	555.965	66.010	178.3	—	12.0	0.1012	1.50
1.020	415.938	63.474	144.9	—	12.0	0.1012	1.22
1.024	325.147	61.415	122.9	—	12.0	0.1012	1.04
1.028	265.107	59.653	108.1	—	12.0	0.1012	0.91
1.040	175.197	55.196	84.3	—	12.0	0.3036	2.13
1.060	126.321	51.425	70.3	—	12.0	0.506	2.96
1.080	108.112	48.107	63.5	—	12.0	0.506	2.68
1.100	95.787	45.233	58.4	—	18.5	0.506	1.60
1.120	87.265	42.708	54.4	252.1	22.0	0.506	1.25
1.140	80.171	40.434	51.0	256.6	22.0	0.506	1.17
合计(mm)							24.06

[案例 2.3.2.2]"考虑桩径影响的明德林应力公式法"手算沉降为 $S=24.1$mm，与实测最后平均沉降量 93mm 之比为 0.26。

[案例 2.3.2.2]的盈建科基础设计软件"考虑桩径影响的明德林应力公式法"的计算书，见表 2.3.2.2-4。

盈建科基础设计软件"考虑桩径影响的明德林应力公式法"计算书 表 2.3.2.2-4

ξ_e	Q_j	L_j	E_c	A_{ps}	S_e
0.50	694.6	25.5	30000	0.2025	1.4577
ψ	ΔZ	α			
1.00	1.0	0.180			

压缩层 No.	压缩模量(MPa)	厚度(m)	附加应力(kPa)	土的自重应力(kPa)	压缩量(mm)
(1)	11.31	1.00	128.9	271.9	11.4009
(2)	11.31	1.00	53.1	282.1	4.6965
	$E'=11.31$	$Z_n=2.00$			$\sum S=16.0974$
					$S=17.5551$

[案例2.3.2.2]的盈建科基础设计软件"考虑桩径影响的明德林应力公式法"计算值为17.6mm，与实测推算最终沉降量93mm之比为0.19。

计算值明显偏小的原因，与盈建科基础设计软件将沉降计算范围限定在0.6倍桩长以内，以致部分桩位于沉降计算范围以外有着密切的关系。

2.3.2.3　上海某32层剪力墙桩基沉降计算探讨

[案例2.3.2.3]即《建筑桩基技术规范》表4中序号7的"32层剪力墙"（赵锡宏，1989），为上海某32层建筑。据已检索到的资料，[案例2.3.2.3]的部分原位实测进行了7年，因此沉降实测数据应该是比较可靠的。

[案例2.3.2.3]地基土的物理力学性质指标，见表2.3.2.3-1。

地基土物理力学性质指标　　　　　　　　　　　表2.3.2.3-1

层序	土的名称	物理性质		力学性质			
		厚度 h （m）	重力密度 ρ （kN/m³）	剪切试验		压缩试验	
				内摩擦角 ϕ （°）	内聚力 C （kPa）	压缩模量	
						$E_{S0.1\sim0.2}$ （MPa）	$E_{S0.5\sim0.7}$ （MPa）
1	杂填土	1.2	16.0	—	—	—	—
2	粉质黏土	1.6	18.2	13.6	13	4.1	—
3	淤泥质粉质黏土	5.5	17.8	19.0	7	3.6	—
4	淤泥质黏土	11.4	16.9	7.8	10	2.0	—
5a	淤泥质粉质黏土	2.8	18.3	20.0	6	4.0	—
5b	淤泥质粉质黏土	8.2	17.9	23.5	6	5.1	—
5c	淤泥质粉质黏土	4.8	17.7	20.5	7	4.2	—
5d	淤泥质粉质黏土	2.0	17.9	18.1	7	3.5	—
6	粉质黏土	1.3	19.9	17.0	26	8.4	—
7	砂质粉土	3.7	19.4	23.0	7	12.1	—
8a	黏土	12.0	17.6	18.6	12	4.2	—
8b	粉质黏土夹砂	11.6	18.9	17.5	12	5.2	15.5
8c	粉质黏土	5.3	19.8	18.2	15	6.8	20.3
9a	黏质粉土	未穿					

注：最后一栏为土的自重压力至土的自重压力加附加压力作用时的压缩模量。

[案例2.3.2.3]共布置108根0.5m×0.5m×54.6m钢筋混凝土预制方桩。底板厚600mm。扣除土自重压力的结构总重为229500kN。桩位平面图，如图2.3.2.3-1所示。

[案例2.3.2.3]沉降历时1120天。实测推算最终沉降量为36.8mm。实测沉降—时间曲线，如图2.3.2.3-2所示。

[案例2.3.2.3]的"不考虑桩径影响明德林应力公式法"手算沉降值为76.4mm，与实测值之比为2.076。不满足沉降计算保证率80%的要求。但由于缺少地基土的压缩曲线与原位测试数据，因此难以判断上海地基规范法计算结果是否确实偏大。手算压缩层厚

度为 16.4m。（计算过程略）

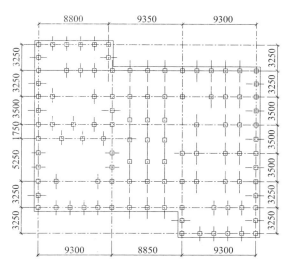

图 2.3.2.3-1 ［案例 2.3.2.3］的桩位平面图

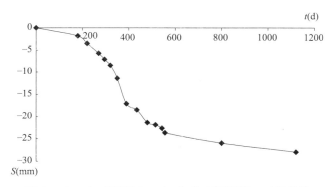

图 2.3.2.3-2 ［案例 2.3.2.3］的实测沉降—时间曲线

［案例 2.3.2.3］的盈建科基础设计软件"上海地基基础规范法"的计算书，见表 2.3.2.3-2。

盈建科基础设计软件"上海地基基础规范法"计算书 表 2.3.2.3-2

Q_j	L_j	E_c	A_{ps}	
2120.3	54.6	30000	0.2500	
ψ	ΔZ	α		
1.00	1.0	0.131		

压缩层 No.	压缩模量（MPa）	厚度（m）	附加应力（kPa）	土的自重应力（kPa）	压缩量（mm）
（1）	15.50	1.00	192.7	451.6	12.4319
（2）	15.50	1.00	103.5	460.7	6.6799
（3）	15.50	1.00	85.2	469.8	5.4955
（4）	15.50	1.00	80.7	478.9	5.2058
（5）	15.50	1.00	76.8	488.0	4.9575
（6）	15.50	1.00	76.8	497.1	4.9575
（7）	15.50	1.00	72.8	506.2	4.6963

续表

压缩层 No.	压缩模量(MPa)	厚度(m)	附加应力(kPa)	土的自重应力(kPa)	压缩量(mm)
(8)	15.50	0.00	69.1	510.7	0.0000
(9)	20.30	1.00	69.1	515.7	3.4047
(10)	20.30	1.00	65.6	525.7	3.2317
(11)	20.30	1.00	62.3	535.7	3.0685
(12)	20.30	1.00	59.1	545.7	2.9136
(13)	20.30	1.00	45.9	555.7	2.2623
	$E'=16.70$	$Z_n=12.00$			$\sum S=59.3053$
					$S=59.3053$

［案例 2.3.2.3］的盈建科基础设计软件"上海地基基础规范法"计算值为 59.3mm，与实测推算最终沉降量 36.8mm 之比为 1.61。

计算值与手算值接近的原因，是桩位均在 0.6 倍桩长范围以内。但同样为"不考虑桩径影响明德林应力公式法"，盈建科基础设计软件"上海地基基础规范法"的计算压缩层厚度 12.0m，仅为手算压缩层厚度 16.4m 的 73%，这不太正常，原因不明。

［案例 2.3.2.3］的"考虑桩径影响的明德林应力公式法"的手算计算书，见表 2.3.2.3-3。

"考虑桩径影响的明德林应力公式法"手算计算书　　　　表 2.3.2.3-3

$Q=2125kN, \alpha=0.138, l=54.6m, b=0.5m, l/d=97,$

0.04l 范围内的桩为 4 根，0.06l 范围内的桩为 4 根，0.08l 范围内的桩为 3 根，0.10l 范围内的桩为 9 根，0.12l 范围内的桩为 7 根，0.16l 范围内的桩为 16 根，0.20l 范围内的桩为 30 根，0.30l 范围内的桩为 34 根

z/l	I_p	I_{st}	σ_{zi} (kPa)	σ_{ci} (kPa)	E_S (MPa)	ΔZ_i (m)	分层计算沉降 (mm)
1.004	4273.570	174.906	527.9	472.4	15.5	0.2184	7.44
1.008	2164.464	163.282	313.2	—	15.5	0.2184	4.41
1.012	1203.908	154.254	213.2	—	15.5	0.2184	3.00
1.016	770.044	148.335	166.9	—	15.5	0.2184	2.35
1.020	555.256	144.266	143.3	—	15.5	0.2184	2.02
1.024	440.788	141.266	130.1	—	15.5	0.2184	1.83
1.028	376.489	138.737	122.3	—	15.5	0.2184	1.72
1.040	300.489	132.970	111.3	—	15.5	0.6552	4.70
1.060	266.695	125.040	103.1	499.7	15.5	1.092	7.26
1.080	247.711	117.820	96.8	509.4	15.5	1.092	6.82
合计(mm)							41.55

［案例 2.3.2.3］"考虑桩径影响的明德林应力公式法"手算沉降为 $S=41.6mm$，与实测最后平均沉降量 36.8mm 之比为 1.13。

［案例 2.3.2.3］的盈建科基础设计软件"考虑桩径影响的明德林应力公式法"的计算书，见表 2.3.2.3-4。

盈建科基础设计软件"考虑桩径影响的明德林应力公式法"计算书　　表 2.3.2.3-4

ξ_e	Q_j	L_j	E_c	A_{ps}	S_e
0.50	2110.0	54.6	30000	0.2500	7.6805
ψ	ΔZ	α			
1.00	1.0	0.131			
压缩层 No.	压缩模量（MPa）	厚度（m）	附加应力（kPa）	土的自重应力（kPa）	压缩量（mm）
（1）	15.50	1.00	191.9	451.6	12.3786
（2）	15.50	1.00	103.1	460.7	6.6542
（3）	15.50	1.00	84.9	469.8	5.4756
	$E'=15.50$	$Z_n=3.00$			$\sum S=24.5083$
					$S=32.1888$

[案例 2.3.2.3] 的盈建科基础设计软件"考虑桩径影响的明德林应力公式法"计算值为 32.2mm，与实测推算最终沉降量 36.8mm 之比为 0.88。

计算值与实测推算最终沉降量接近的原因，是桩位均在 0.6 倍桩长范围以内。

2.3.2.4　福州某小区 6 号楼桩基沉降计算探讨

[案例 2.3.2.4] 即《建筑桩基技术规范》表 4 中序号 11 的"7 层框架 6 号住宅"（张雁，1994），为福州某住宅小区 7 层建筑。

[案例 2.3.2.4] 地基土的物理力学性质指标，见表 2.3.2.4-1。

地基土物理力学性质指标　　表 2.3.2.4-1

层序	土的名称	物理性质						力学性质			原位测试	建议采用		
		厚度 h(m)	含水量 ω(%)	重力密度 ρ (g/cm³)	天然孔隙比 e	塑性指数 I_p	液性指数 I_L	剪切试验		压缩试验 压缩模量 E_s (MPa)	标贯试验 N（修正击数）	地基土承载力特征值 f_{ak} (kPa)	钻孔灌注桩	
								内摩擦角 ϕ(°)	内聚力 C (kPa)				桩周土摩擦力容许值 q_{sk} (kPa)	桩端土承载力容许值 q_{pk} (kPa)
1	杂填土	1.1	—	—	—	—	—	—	—	—	—	60～120	8～12	—
2	黏土	0.7	36.6	18.1	1.00	22.0	0.49	14.2	36	4.5	—	100	22	—
3	淤泥	4.0	70.0	15.9	1.81	19.3	1.74	12.4	21	1.4	—	45	6	—
4	淤泥质土	4.0	62.6	17.0	—	25.1	0.77	—	—	4.2	—	80	16	—
5	中细砂	6.0	—	18.0	—	—	—	—	—	11.0	12.5	200	20	900～1200
6	中砂	6.5	—	19.0	—	—	—	—	—	11.0	—	250	20	1200
7	淤泥质土	2.1	47.9	17.0	1.31	14.78	1.41	13.1	32	4.0	—	100	12	—
8	黏性土	2.2	20.3	20.4	0.58	9.81	0.35	14.3	99	8.0	—	17	17	650
9	中粗砂	未穿	—	—	—	—	—	—	—	14.0	18	22	22	2000

注：第 5 层中细砂与第 6 层中砂的压缩模量，系根据标贯数据参照福州地区类似工程地质勘查资料确定的。

[案例 2.3.2.4] 的上部结构加基础总重 26185kN，基础面积 218.21m²（按 17.5m×12.5m），共布置 65 根 ϕ0.4×15.5m 沉管灌注桩，底板厚 300mm，单桩承载力标准值 300kN。

[案例 2.3.2.4] 基础平面图，如图 2.3.2.4-1 所示。

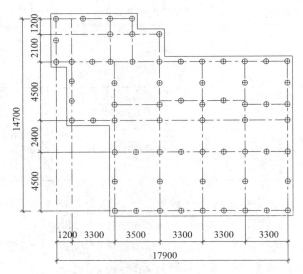

图 2.3.2.4-1 ［案例 2.3.2.4］基础平面图

［案例 2.3.2.4］的实测最后沉降速率为 0.038mm/d。实测推算最终沉降约为 80mm。

［案例 2.3.2.4］的沉降—时间曲线，如图 2.3.2.4-2 所示。

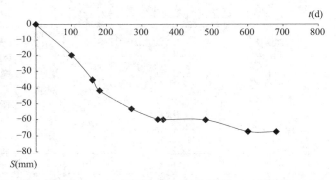

图 2.3.2.4-2 ［案例 2.3.2.4］沉降—时间曲线

［案例 2.3.2.4］的"不考虑桩径影响明德林应力公式法"手算沉降值为 75.6mm，与实测推算最终沉降之比为 0.945。满足沉降计算保证率 80% 的要求。手算压缩层厚度为 12.5m。（计算过程略）

［案例 2.3.2.4］的盈建科基础设计软件"上海地基基础规范法"的计算书，见表 2.3.2.4-2。

盈建科基础设计软件"上海地基基础规范法"计算书 表 2.3.2.4-2

Q_j	L_j	E_c	A_{ps}		
398.5	15.5	30000	0.1257		
ψ	ΔZ	α			
1.00	1.0	0.287			
压缩层 No.	压缩模量（MPa）	厚度（m）	附加应力（kPa）	土的自重应力（kPa）	压缩量（mm）
(1)	11.00	1.00	76.5	122.5	6.9567
(2)	11.00	1.00	28.1	131.2	2.5566

压缩层 No.	压缩模量(MPa)	厚度(m)	附加应力(kPa)	土的自重应力(kPa)	压缩量(mm)
(3)	11.00	1.00	20.2	139.9	1.8345
(4)	11.00	1.00	16.1	148.5	1.4636
(5)	11.00	1.00	16.1	157.2	1.4636
(6)	11.00	0.60	13.9	164.2	0.7596
				$S=15.8\text{mm}$	

[案例 2.3.2.4] 的盈建科基础设计软件"上海地基基础规范法"计算值为 15.8mm，与实测推算最终沉降量 80mm 之比为 0.20。

计算值明显偏小的原因之一，与盈建科基础设计软件将沉降计算范围限定在 0.6 倍桩长以内，以致部分桩位于沉降计算范围以外有着密切的关系。且同样为"不考虑桩径影响明德林应力公式法"，盈建科基础设计软件"上海地基基础规范法"的计算压缩层厚度 9.7m，仅为手算压缩层厚度 12.5m 的 78%，这不太正常，原因不明。

[案例 2.3.2.4] 的盈建科基础设计软件"考虑桩径影响的明德林应力公式法"的计算书，见表 2.3.2.4-3。

盈建科基础设计软件"考虑桩径影响的明德林应力公式法"计算书 表 2.3.2.4-3

ξ_e	Q_j	L_j	E_c	A_{ps}	S_e
0.59	380.4	15.5	30000	0.1257	0.9287
ψ	ΔZ	α			
1.00	1.0	0.287			

压缩层 No.	压缩模量(MPa)	厚度(m)	附加应力(kPa)	土的自重应力(kPa)	压缩量(mm)
(1)	11.00	1.00	73.6	122.5	6.6950
(2)	11.00	1.00	27.5	131.2	2.5016
(3)	11.00	1.00	20.0	139.9	1.8156
				$S=11.0\text{mm}$	

[案例 2.3.2.4] 的盈建科基础设计软件"考虑桩径影响的明德林应力公式法"计算值为 11.0mm，与实测推算最终沉降量 80mm 之比为 0.14。

计算值明显偏小的原因，主要与盈建科基础设计软件将沉降计算范围限定在 0.6 倍桩长以内，以致大量桩位于沉降计算范围以外有着密切的关系。

2.3.2.5 福州某小区 9 号楼桩基沉降计算探讨

[案例 2.3.2.5] 即《建筑桩基技术规范》表 4 中序号 12 的"7 层框架 9 号住宅"（张雁，1994），为福州某住宅小区 7 层建筑。

[案例 2.3.2.5] 地基土的物理力学性质指标，见表 2.3.2.4-1。

[案例 2.3.2.5] 的上部结构加基础总重 54782kN，基础尺寸 40.4m×11.3m，共布置 154 根 ϕ0.4m×15.5m 沉管灌注桩，底板厚 300mm，单桩承载力标准值 300kN。

[案例 2.3.2.5] 基础平面图，如图 2.3.2.5-1 所示。

[案例 2.3.2.5] 的实测最后沉降速率为 0.044mm/d，实测推算最终沉降约为 100mm。

[案例 2.3.2.5] 的沉降—时间曲线，如图 2.3.2.5-2 所示。

[案例 2.3.2.5] 的"不考虑桩径影响明德林应力公式法"手算沉降值为 90.3mm，

与实测推算最终沉降之比为 0.903。满足沉降计算保证率 80% 的要求。手算压缩层厚度为 15.5m。（计算过程略）

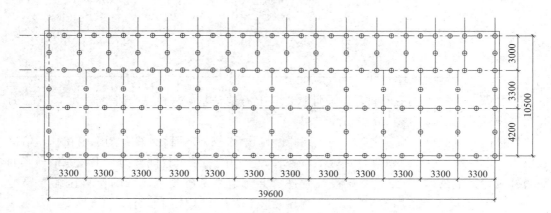

图 2.3.2.5-1 ［案例 2.3.2.5］基础平面图

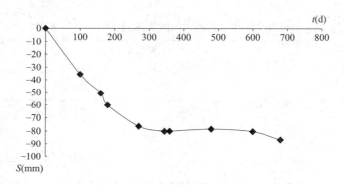

图 2.3.2.5-2 ［案例 2.3.2.5］沉降—时间曲线图

［案例 2.3.2.5］的盈建科基础设计软件"上海地基基础规范法"的计算书，见表 2.3.2.5-1。

盈建科基础设计软件"上海地基基础规范法"计算书　　　　表 2.3.2.5-1

Q_j	L_j	E_c	A_{ps}		
366.4	15.5	30000	0.1257		
ψ	ΔZ	α			
1.00	1.0	0.287			
压缩层 No.	压缩模量（MPa）	厚度（m）	附加应力（kPa）	土的自重应力（kPa）	压缩量（mm）
(1)	11.00	1.00	85.0	122.5	7.7285
(2)	11.00	1.00	42.7	131.2	3.8789
(3)	11.00	1.00	36.4	139.9	3.3134
(4)	11.00	1.00	31.6	148.5	2.8704
(5)	11.00	1.00	31.6	157.2	2.8704
(6)	11.00	0.60	28.1	164.2	1.5300
(7)	4.00	1.00	28.1	170.4	7.0127
(8)	4.00	1.00	24.8	177.6	6.2095
(9)	4.00	0.10	24.8	181.6	0.6209

压缩层 No.	压缩模量(MPa)	厚度(m)	附加应力(kPa)	土的自重应力(kPa)	压缩量(mm)
(10)	8.00	1.00	21.9	187.2	2.7392
(11)	8.00	1.00	21.9	197.8	2.7392
(12)	8.00	0.20	0.0	204.2	0.0000
	$E'=8.27$	$Z_n=9.90$			$\sum S=41.5132$
					$S=41.5132$

[案例2.3.2.5]的盈建科基础设计软件"上海地基基础规范法"计算值为41.5mm，与实测推算最终沉降量100mm之比为0.42。

计算值明显偏小的原因之一，与盈建科基础设计软件将沉降计算范围限定在0.6倍桩长以内，以致部分桩位于沉降计算范围以外有着密切的关系。

且同样为"不考虑桩径影响明德林应力公式法"，盈建科基础设计软件"上海地基基础规范法"的计算压缩层厚度9.9m，仅为手算压缩层厚度15.5m的64%；且在0.2m厚的计算压缩层之内，计算附加应力由21.9kPa，突然衰变为零，这很不正常，原因不明。

[案例2.3.2.5]的盈建科基础设计软件"考虑桩径影响的明德林应力公式法"的计算书，见表2.3.2.5-2。

盈建科基础设计软件"考虑桩径影响的明德林应力公式法"计算书　　　　表2.3.2.5-2

ξ_e	Q_j	L_j	E_c	A_{ps}	S_c
0.59	405.6	15.5	30000	0.1257	0.9902
ψ	ΔZ	α			
1.00	1.0	0.287			
压缩层 No.	压缩模量(MPa)	厚度(m)	附加应力(kPa)	土的自重应力(kPa)	压缩量(mm)
(1)	11.00	1.00	90.8	122.5	8.2520
(2)	11.00	1.00	43.2	131.2	3.9293
(3)	11.00	1.00	36.1	139.9	3.2784
(4)	11.00	1.00	31.3	148.5	2.8412
(5)	11.00	1.00	31.3	157.2	2.8412
					$S=21.1$mm

[案例2.3.2.5]的盈建科基础设计软件"考虑桩径影响的明德林应力公式法"计算值为21.1mm，与实测推算最终沉降量100mm之比为0.21。

计算值明显偏小的原因，主要与盈建科基础设计软件将沉降计算范围限定在0.6倍桩长以内，以致大量桩位于沉降计算范围以外有着密切的关系。

2.3.2.6 福州某小区10号楼桩基沉降计算探讨

[案例2.3.2.6]即《建筑桩基技术规范》表4中序号13的"7层框架10号住宅"（张雁，1994），为福州某住宅小区7层建筑。

[案例2.3.2.6]地基土的物理力学性质指标见表2.3.2.4-1。

[案例2.3.2.6]上部结构加基础总重45788kN，基础面积381.57m²（按38.1m×10m），共布置122根ϕ0.4m×15.5m沉管灌注桩，底板厚300mm，单桩承载力标准值300kN。无静载荷试桩数据。

[案例2.3.2.6]基础平面图，如图2.3.2.6-1所示。

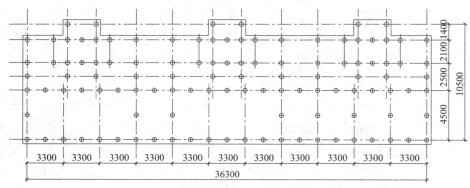

图 2.3.2.6-1 ［案例2.3.2.6］基础平面图

［案例2.3.2.6］的实测最后沉降速率为0.031mm/d。实测推算最终沉降约为90mm。
［案例2.3.2.6］的沉降—时间曲线，如图2.3.2.6-2所示。

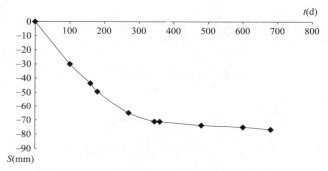

图 2.3.2.6-2 ［案例2.3.2.6］沉降—时间曲线

［案例2.3.2.6］的"不考虑桩径影响明德林应力公式法"手算沉降值为88.1mm，
与实测推算最终沉降之比为0.979。满足沉降计算保证率80%的要求。手算压缩层厚度为
15.5m。（计算过程略）

［案例2.3.2.6］的盈建科基础设计软件"上海地基基础规范法"的计算书，见表
2.3.2.6-1。

盈建科基础设计软件"上海地基基础规范法"计算书 表 2.3.2.6-1

Q_j	L_j	E_c	A_{ps}		
360.5	15.5	30000	0.1257		
ψ	ΔZ	α			
1.00	1.0	0.287			
压缩层 No.	压缩模量（MPa）	厚度（m）	附加应力（kPa）	土的自重应力（kPa）	压缩量（mm）
(1)	11.00	1.00	88.4	122.5	8.0354
(2)	11.00	1.00	48.1	131.2	4.3736
(3)	11.00	1.00	39.1	139.9	3.5562
(4)	11.00	1.00	31.8	148.5	2.8865
(5)	11.00	1.00	31.8	157.2	2.8865
(6)	11.00	0.60	27.4	164.2	1.4950
(7)	4.00	1.00	27.4	170.4	6.8522

压缩层 No.	压缩模量(MPa)	厚度(m)	附加应力(kPa)	土的自重应力(kPa)	压缩量(mm)
(8)	4.00	1.00	23.8	177.6	5.9592
(9)	4.00	0.10	23.8	181.6	0.5959
(10)	8.00	1.00	20.8	187.2	2.5972
(11)	8.00	1.00	20.8	197.8	2.5972
(12)	8.00	0.20	0.0	204.2	0.0000
$E'=8.38$		$Z_n=9.90$			$\sum S=41.8351$
					$S=41.8351$

［案例 2.3.2.6］的盈建科基础设计软件"上海地基基础规范法"计算值为 41.8mm，与实测推算最终沉降量 90mm 之比为 0.46。

计算值明显偏小的原因之一，与盈建科基础设计软件将沉降计算范围限定在 0.6 倍桩长以内，以致部分桩位于沉降计算范围以外有着密切的关系。

且同样为"不考虑桩径影响明德林应力公式法"，盈建科基础设计软件"上海地基基础规范法"的计算压缩层厚度 9.9m，仅为手算压缩层厚度 15.5m 的 64%；且在 0.2m 厚的计算压缩层之内，计算附加应力由 20.8kPa，突然衰变为零，这很不正常，原因不明。

［案例 2.3.2.6］的盈建科基础设计软件"考虑桩径影响的明德林应力公式法"的计算书，见表 2.3.2.6-2。

盈建科基础设计软件"考虑桩径影响的明德林应力公式法"计算书　　　表 2.3.2.6-2

ξ_e	Q_j	L_j	E_c	A_{ps}	S_e
0.59	453.2	15.5	30000	0.1257	1.1064
ψ	ΔZ	α			
1.00	1.0	0.287			

压缩层 No.	压缩模量(MPa)	厚度(m)	附加应力(kPa)	土的自重应力(kPa)	压缩量(mm)
(1)	11.00	1.00	102.7	122.5	9.3337
(2)	11.00	1.00	49.4	131.2	4.4917
(3)	11.00	1.00	37.5	139.9	3.4088
(4)	11.00	1.00	30.6	148.5	2.7808
(5)	11.00	1.00	30.6	157.2	2.7808
					$S=22.8mm$

［案例 2.3.2.6］的盈建科基础设计软件"考虑桩径影响的明德林应力公式法"计算值为 22.8mm，与实测推算最终沉降量 90mm 之比为 0.25。

计算值明显偏小的原因，主要与盈建科基础设计软件将沉降计算范围限定在 0.6 倍桩长以内，以致大量桩位于沉降计算范围以外有着密切的关系。

2.3.2.7　福州某小区 14 号楼桩基沉降计算探讨

［案例 2.3.2.7］即《建筑桩基技术规范》表 4 中序号 14 的"7 层框架 14 号住宅"（张雁，1994），为福州某住宅小区 7 层建筑。

［案例 2.3.2.7］地基土的物理力学性质指标，见表 2.3.2.4-1。

［案例 2.3.2.7］的上部结构加基础总重 54782kN，基础尺寸 40.4m×11.3m，共布置 154 根 ϕ0.4m×15.5m 沉管灌注桩，底板厚 300mm，单桩承载力标准值 300kN。

［案例 2.3.2.7］基础平面图，如图 2.3.2.7-1 所示。

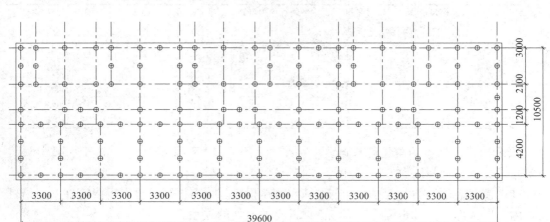

图 2.3.2.7-1　［案例 2.3.2.7］基础平面图

［案例 2.3.2.7］的实测最后沉降速率为 0.019mm/d。实测推算最终沉降约为 80mm。
［案例 2.3.2.7］的沉降—时间曲线如图 2.3.2.7-2 所示。

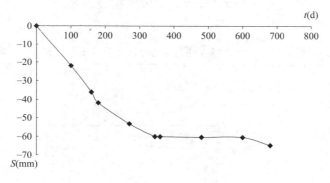

图 2.3.2.7-2　［案例 2.3.2.7］沉降—时间曲线

［案例 2.3.2.7］的"不考虑桩径影响明德林应力公式法"手算沉降值为 89.4mm，与实测推算最终沉降之比为 1.118。满足沉降计算保证率 80% 的要求。手算压缩层厚度为 15.5m。（计算过程略）

［案例 2.3.2.7］的盈建科基础设计软件"上海地基基础规范法"的计算书，见表 2.3.2.7-1。

盈建科基础设计软件"上海地基基础规范法"计算书　　　　表 2.3.2.7-1

Q_j	L_j	E_c	A_{ps}		
332.4	15.5	30000	0.1257		
ψ	ΔZ	α			
1.00	1.0	0.287			
压缩层 No.	压缩模量（MPa）	厚度（m）	附加应力（kPa）	土的自重应力（kPa）	压缩量（mm）
(1)	11.00	1.00	81.6	122.5	7.4172
(2)	11.00	1.00	44.1	131.2	4.0048

续表

压缩层 No.	压缩模量(MPa)	厚度(m)	附加应力(kPa)	土的自重应力(kPa)	压缩量(mm)
(3)	11.00	1.00	35.1	139.9	3.1900
(4)	11.00	1.00	28.3	148.5	2.5707
(5)	11.00	1.00	28.3	157.2	2.5707
(6)	11.00	0.60	24.4	164.2	1.3334
(7)	4.00	1.00	24.4	170.4	6.1116
(8)	4.00	1.00	21.3	177.6	5.3354
(9)	4.00	0.10	21.3	181.6	0.5335
(10)	5.00	1.00	18.7	187.2	2.3371
	$E'=8.43$	$Z_n=8.70$			$\sum S=35.4044$
					$S=35.4044$

[案例2.3.2.7]的盈建科基础设计软件"上海地基基础规范法"计算值为35.4mm，与实测推算最终沉降量80mm之比为0.44。

计算值明显偏小的原因之一，与盈建科基础设计软件将沉降计算范围限定在0.6倍桩长以内，以致部分桩位于沉降计算范围以外有着密切的关系。

且同样为"不考虑桩径影响明德林应力公式法"，盈建科基础设计软件"上海地基基础规范法"的计算压缩层厚度8.7m，仅为手算压缩层厚度15.5m的56%，原因不明。

[案例2.3.2.7]的盈建科基础设计软件"考虑桩径影响的明德林应力公式法"的计算书，见表2.3.2.7-2。

盈建科基础设计软件"考虑桩径影响的明德林应力公式法"计算书　　表2.3.2.7-2

ξ_e	Q_j	L_j	E_c	A_{ps}	S_e
0.59	332.2	15.5	30000	0.1257	0.8110
ψ	ΔZ	α			
1.00	1.0	0.287			

压缩层 No.	压缩模量(MPa)	厚度(m)	附加应力(kPa)	土的自重应力(kPa)	压缩量(mm)
(1)	11.00	1.00	81.6	122.5	7.4142
(2)	11.00	1.00	44.0	131.2	4.0030
(3)	11.00	1.00	35.1	139.9	3.1887
(4)	11.00	1.00	28.3	148.5	2.5703
					$S=17.2mm$

[案例2.3.2.7]的盈建科基础设计软件"考虑桩径影响的明德林应力公式法"计算值为17.2mm，与实测推算最终沉降量80mm之比为0.22。

计算值明显偏小的原因，主要与盈建科基础设计软件将沉降计算范围限定在0.6倍桩长以内，以致大量桩位于沉降计算范围以外有着密切的关系。

2.3.2.8　浙江某小区1号、2号楼桩基沉降计算探讨

[案例2.3.2.8]为浙江某小区1号、2号楼，地基土物理力学性质指标，见表2.3.2.8-1。

地基土物理力学性质指标　　　　　　　　表 2.3.2.8-1

层序	土的名称	物理性质				承载力标准值 (kPa)	压缩模量 E_S (MPa)	桩周土摩阻力标准值 (kPa)	桩端土承载力标准值 (kPa)
		厚度 h (m)	含水量 ω (%)	重力密度 ρ (kN/m³)	天然孔隙比 e				
1	杂填土	1.07	—	—	—	—	—	—	—
2	粉质黏土	0.47	31.3	19.0	0.866	80	4.85	9	—
3	粉质黏土	2.28	39.2	18.1	1.078	65	6.73	7	—
4	淤泥质黏土	4.22	54.9	17.0	1.467	60	1.52	6	—
5	黏土	0.88	25.1	20.1	0.689	140	7.30	17	—
6	黏土	2.20	23.6	20.5	0.627	235	8.16	29	950
7	粉土	6.85	31.9	19.3	0.893	130	7.85	16	700
8	黏土	未穿	38.5	18.6	1.009	115	6.12	10	—

　　[案例 2.3.2.8] 传至地面标高处对应于长期效应组合的竖向荷载值为 50339kN，基础自重为 12457kN。基础外包面积均为 636.48m² （49.2m×12.94m），基础净面积为 429.54m²。基础埋深 1.45m。

　　[案例 2.3.2.8] 布置 142 根 φ0.426m×12m 沉管灌注桩，基础平面图，如图 2.3.2.8-1 所示。

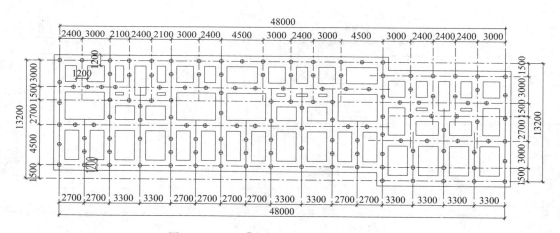

图 2.3.2.8-1　[案例 2.3.2.8] 基础平面图

　　由 170 天的沉降监测与当地实践经验，[案例 2.3.2.8] 1 号楼实测推算最终沉降约为 70mm，[2.3.2.8] 2 号楼实测推算最终沉降约为 80mm。

　　[案例 2.3.2.8] 的"不考虑桩径影响明德林应力公式法"手算沉降值为 133mm，与实测推算最终沉降值 70（80）mm 之比为 1.90（1.66）。不满足沉降计算保证率 80% 的要求。手算压缩层厚度为 9.6m。（计算过程略）

　　[案例 2.3.2.8] 的盈建科基础设计软件"上海地基基础规范法"的计算书，见表 2.3.2.8-2。

Q_j	L_j	E_c	A_{ps}		
384.6	12.0	30000	0.1425		
ψ	ΔZ	α			
1.00	1.0	0.332			
压缩层 No.	压缩模量(MPa)	厚度(m)	附加应力(kPa)	土的自重应力(kPa)	压缩量(mm)
(1)	7.85	1.00	72.5	109.6	9.2368
(2)	7.85	1.00	32.7	119.1	4.1709
(3)	7.85	1.00	25.1	128.6	3.2011
(4)	7.85	1.00	25.1	138.1	3.2011
(5)	7.85	0.43	22.7	144.8	1.2420
(6)	6.12	1.00	20.3	151.3	3.3119
(7)	6.12	1.00	20.3	160.1	3.3119
(8)	6.12	1.00	18.5	168.9	3.0259
(9)	6.12	1.00	0.0	177.7	0.0000
	$E'=7.31$	$Z_n=8.43$			$\sum S=30.7015$
					$S=30.7015$

[案例 2.3.2.8] 的盈建科基础设计软件"上海地基基础规范法"计算值为 30.7mm，与实测推算最终沉降量 70（80）mm 之比为 0.44（0.38）。

计算值明显偏小的原因之一，与盈建科基础设计软件将沉降计算范围限定在 0.6 倍桩长以内，以致大量桩位于沉降计算范围以外有着密切的关系。

且在 1.0m 厚的计算压缩层之内，计算附加应力由 18.5kPa，突然衰变为零，这很不正常。

由于盈建科基础设计软件应用手册并未介绍软件中有关"上海地基基础规范法"的设定，因此难以判断是否泊松比取值、桩侧阻力模式的选定等因素，导致出现上述不正常现象。

[案例 2.3.2.8] 的盈建科基础设计软件"考虑桩径影响的明德林应力公式法"的计算书，见表 2.3.2.8-3。

ξ_c	Q_j	L_j	E_c	A_{ps}	S_e
0.67	379.0	12.0	30000	0.1425	0.7091
ψ	ΔZ	α			
1.00	1.0	0.332			
压缩层 No.	压缩模量(MPa)	厚度(m)	附加应力(kPa)	土的自重应力(kPa)	压缩量(mm)
(1)	7.85	1.00	71.4	109.6	9.1006
(2)	7.85	1.00	32.3	119.1	4.1088
(3)	7.85	1.00	24.8	128.6	3.1529
					$S=16.4mm$

[案例 2.3.2.8] 的盈建科基础设计软件"考虑桩径影响的明德林应力公式法"计算值为 16.4mm，与实测推算最终沉降量 70（80）mm 之比为 0.23（0.21）。

计算值明显偏小的原因，主要与盈建科基础设计软件将沉降计算范围限定在 0.6 倍桩长以内，以致大量桩位于沉降计算范围以外有着密切的关系。

2.3.2.9　上海黄浦区某 30 层大楼沉降计算探讨

［案例 2.3.2.9］为上海黄浦区某 30 层大楼，框架核心筒结构（蒋利学，2002）。曾对该建筑内外 28 个沉降观测点进行了 6.6 年以上的沉降实测，因此数据比较可靠。

［案例 2.3.2.9］地基土物理力学性质指标，见表 2.3.2.9-1。

地基土物理力学性质指标　　　　　　　　　　　　　表 2.3.2.9-1

层序	土的名称	物理性质			力学性质		原位测试	
					压缩试验			
		厚度 h(m)	含水量 ω(%)	天然孔隙比 e	压缩模量 $E_{s0.1\sim0.2}$ (MPa)	压缩系数 $a_{0.1\sim0.2}$ (MPa^{-1})	比贯入阻力 P_s(MPa)	标贯试验 N(击数)
1	填土	3.7	—	—	—	—	—	—
2	淤泥质粉质黏土	1.7	45.1	1.26	2.89	0.78	0.64	1
3	黏质粉土	0.8	35.4	0.98	8.65	0.38	2.41	8
4	淤泥质黏土	10.6	50.0	1.38	2.18	1.09	0.55	1
5a	粉质黏土	11.7	35.0	1.01	4.52	0.41	1.04	35
5b	粉质黏土	17.8	33.4	0.99	5.16	0.37	1.67	7
6	黏质粉土	2.0	22.5	0.66	7.89	0.21	3.33	15
7	砂质粉土	3.3	21.8	0.66	11.21	0.15	13.96	23
8	粉细砂	9.9	27.3	0.84	17.52	0.12	23.23	41
9	砂质粉土	2.8	30.9	0.95	13.09	0.17	—	27
10	粉质黏土	4.4	23.9	0.67	8.54	0.19	—	15
11a	粉细砂	4.8	25.7	0.86	13.41	0.14	—	39
11b	细砂	未穿	—	—	—	—	—	40

［案例 2.3.2.9］采用钢管桩，桩长 49.9m，桩断面 ϕ609.6mm。采用第 8 层粉细砂作为桩端持力层，共 238 根。底板厚度 1600mm。基底附加压力为 266.4kPa。

［案例 2.3.2.9］桩位平面图，如图 2.3.2.9-1 所示。

［案例 2.3.2.9］已知沉降实测历时 6.6 年，实测最后平均沉降量为 40.8mm。

［案例 2.3.2.9］的"不考虑桩径影响明德林应力公式法"手算沉降为 47.7mm，与实测最后平均沉降量 40.8mm 之比为 1.17。手算压缩层厚度为 20.1m。（计算过程略）

［案例 2.3.2.9］的盈建科基础设计软件"上海地基基础规范法"的计算书，见表 2.3.2.9-2。

盈建科基础设计软件"上海地基基础规范法"计算书　　　　表 2.3.2.9-2

Q_j	L_j	E_c	A_{ps}		
1572.0	49.9	30000	0.2922		
ψ	ΔZ	α			
0.82	1.0	0.285			
压缩层 No.	压缩模量(MPa)	厚度(m)	附加应力(kPa)	土的自重应力(kPa)	压缩量(mm)
(1)	52.56	1.00	77.6	421.3	1.4761
(2)	52.56	1.00	82.5	429.5	1.5705

续表

压缩层 No.	压缩模量（MPa）	厚度（m）	附加应力（kPa）	土的自重应力（kPa）	压缩量（mm）
（3）	52.56	1.00	72.9	437.7	1.3879
（4）	52.56	1.00	68.8	445.9	1.3098
（5）	52.56	1.00	65.6	454.1	1.2488
（6）	52.56	1.00	62.6	462.2	1.1917
（7）	52.56	1.00	59.8	470.4	1.1379
（8）	52.56	1.00	57.1	478.6	1.0865
（9）	52.56	0.50	54.6	484.8	0.5192
（10）	39.30	1.00	54.6	491.9	1.3888
（11）	39.30	1.00	52.2	502.1	1.3280

$$S = 11.2\text{mm}$$

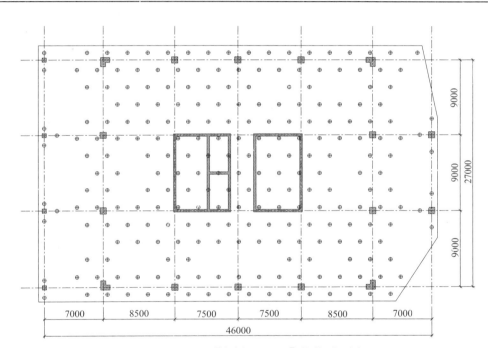

图 2.3.2.9-1　［案例 2.3.2.9］桩位平面图

　　［案例 2.3.2.9］的盈建科基础设计软件"上海地基基础规范法"计算值为 11.2mm，与实测最后沉降量 40.8mm 之比为 0.27。

　　计算值明显偏小的原因之一，与盈建科基础设计软件将沉降计算范围限定在 0.6 倍桩长以内，以致大量桩位于沉降计算范围以外有着密切的关系。

　　其次，同样为"不考虑桩径影响明德林应力公式法"，盈建科基础设计软件"上海地基基础规范法"的计算压缩层厚度 10.5m，仅为手算压缩层厚度 20.1m 的 52%，这不正常。

　　由于盈建科基础设计软件应用手册并未介绍软件中有关"上海地基基础规范法"的设定，因此难以判断是否泊松比取值、桩侧阻力模式的选定等因素，导致出现上述不正常现象。

　　［案例 2.3.2.9］的"考虑桩径影响的明德林应力公式法"的手算计算书，见表 2.3.2.9-3。

"考虑桩径影响的明德林应力公式法"手算计算书　　　表 2.3.2.9-3

$Q=1583\text{kN},\alpha=0.171,l=49.9\text{m},d=0.6096\text{m},l/d=82,$

$0.04l$ 范围内的桩为 6 根，$0.08l$ 范围内的桩为 6 根，$0.10l$ 范围内的桩为 6 根，$0.12l$ 范围内的桩为 16 根，$0.16l$ 范围内的桩为 20 根，$0.20l$ 范围内的桩为 30 根，$0.40l$ 范围内的桩为 50 根，$0.50l$ 范围内的桩为 20 根

z/l	I_p	I_{st}	σ_{zi} (kPa)	σ_{ci} (kPa)	E_S (MPa)	ΔZ_i (m)	分层计算沉降 (mm)
1.004	3099.977	186.672	435.4	—	52.6	0.1996	1.65
1.008	1838.804	179.804	294.7	—	52.6	0.1996	1.12
1.012	1108.878	173.028	211.7	—	52.6	0.1996	0.80
1.016	696.604	167.978	164.3	—	52.6	0.1996	0.62
1.020	553.329	164.207	146.7	—	52.6	0.1996	0.56
1.024	458.930	161.278	134.9	—	52.6	0.1996	0.51
1.028	402.080	156.700	126.2	—	52.6	0.1996	0.48
1.040	333.019	152.579	116.6	—	52.6	0.5988	1.33
1.060	295.040	143.920	107.9	—	52.6	0.998	2.05
1.080	273.087	136.134	101.4	—	52.6	0.998	1.92
1.100	256.844	128.901	95.9	463	52.6	0.998	1.82
1.120	242.657	122.098	90.7	473	52.6	0.998	1.72
合计(mm)							14.6

[案例 2.3.2.9]"考虑桩径影响的明德林应力公式法"手算沉降为 $S=14.6\text{mm}$，与实测最后平均沉降量 40.8mm 之比为 0.36。

[案例 2.3.2.9]的盈建科基础设计软件"考虑桩径影响的明德林应力公式法"的计算书，见表 2.3.2.9-4。

盈建科基础设计软件"考虑桩径影响的明德林应力公式法"计算书　　　表 2.3.2.9-4

ξ_e	Q_j	L_j	E_c	A_{ps}	S_e
0.50	1570.5	49.9	30000	0.2922	4.4692
ψ	ΔZ	α			
1.00	1.0	0.285			

压缩层 No.	压缩模量(MPa)	厚度(m)	附加应力(kPa)	土的自重应力(kPa)	压缩量(mm)
(1)	52.56	1.00	84.1	421.3	1.6007
					$S=1.6\text{mm}$

[案例 2.3.2.9]的盈建科基础设计软件"考虑桩径影响的明德林应力公式法"计算值为 1.6mm，与实测最后沉降量 40.8mm 之比为 0.04。

计算值明显偏小的原因，主要与盈建科基础设计软件的计算压缩层厚度仅为手算值的 0.167，原因不明；其次与盈建科基础设计软件将沉降计算范围限定在 0.6 倍桩长以内，以致大量桩位于沉降计算范围以外有着密切的关系。

2.3.2.10　上海黄浦区某 24 层大楼沉降计算探讨

[案例 2.3.2.10] 为上海黄浦区某 24 层大楼，筒中筒结构（胡精发，1994）。曾对该建筑进行了 7 年以上的沉降实测，因此数据可靠。

［案例2.3.2.10］地基土物理力学性质指标见表2.3.2.10-1。

地基土物理力学性质指标   表2.3.2.10-1

| 层序 | 土的名称 | 物理性质 | | | | 力学性质 | | | | 原位测试 |
| | | 厚度 h(m) | 含水量 ω(%) | 天然孔隙比 e | 容重 γ (kN/m³) | 压缩试验 | | 剪切试验 | | |
						压缩模量 $E_{s0.1\sim0.2}$ (MPa)	压缩系数 $a_{0.1\sim0.2}$ (MPa⁻¹)	内摩擦角 ϕ (°)	内聚力 C(kPa)	标贯试验 N(击数)
1	填土	2.3	—	—	—	—	—	—	—	—
2	粉质黏土	0.9	—	—	—	—	—	—	—	1~2
3	淤泥质粉质黏土	5.5	44.6	1.27	17.5	2.44	0.93	11.0	9	1
4	淤泥质黏土	8.3	50.1	1.46	16.9	2.59	0.95	7.5	10	<1
5a	淤泥质黏质粉土	3.8	33.9	0.99	18.3	4.98	0.40	21.0	6	4~7
5b	淤泥质粉质黏土	2.0	32.0	1.02	18.1	4.49	0.45	19.0	6	3~4
5c	粉质黏土	12.7	33.0	0.99	18.3	5.53	0.36	21.5	7	6~10
5d	黏土	12.3	32.8	1.03	18.2	5.64	0.36	11.5	19	9~10
6	粉质黏土	1.0	21.9	0.65	20.0	8.25	0.20	22.5	22	—
7	砂质粉土	3.3	21.5	0.64	19.9	10.93	0.15	27.0	4	35~45
8	粉细砂	6.3	24.0	0.73	19.5	17.0	0.10	—	—	>50
9a	黏质粉土	8.8	—	—	18.6	7.31	—	24.0	5	40~50
9b	粉质黏土夹粉细砂	12.5	—	—	18.6	5.03	—	195	8	25~35
10	含砾中粗砂	4.7	—	—	—	—	—	—	—	43~50
11	粉细砂	未穿	—	—	—	—	—	—	—	>50

［案例2.3.2.10］采用预制混凝土方桩，桩长32.25m，入土深度42.9m，桩断面500mm×500mm。采用第5层黏土作为桩端持力层，共429根。底板厚度1500mm。基底附加压力为287kPa。

［案例2.3.2.10］桩位平面图，如图2.3.2.10-1所示。

注：未能检索到［案例2.3.2.10］的桩位平面图，仅有［案例2.3.2.10］的桩数、基础平面图等资料。但桩位的具体布置，除对明德林应力公式法计算结果的影响一般在10%以内外，对其他桩基沉降计算结果均无影响，因此按均布桩处理。

［案例2.3.2.10］已知经过7年多的沉降观测，实测最后平均沉降量为155.1mm，最大沉降量165.99mm，最小沉降量146.7mm，沉降已趋于稳定。

［案例2.3.2.10］的"不考虑桩径影响明德林应力公式法"手算沉降为274mm，与实测推算最后沉降值155mm之比为1.77。计算结果不满足80%保证率的要求。这与上海深层土压缩模量取值的难点有关。手算压缩层厚度为41.55m。（计算过程略）

［案例2.3.2.10］的盈建科基础设计软件"上海地基基础规范法"的计算书，见表2.3.2.10-2。

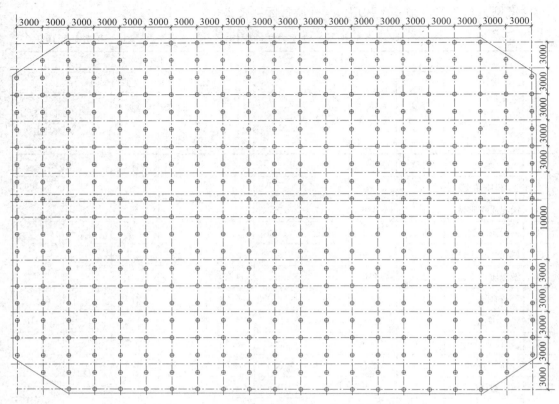

图 2.3.2.10-1 〔案例 2.3.2.10〕桩位平面图

盈建科基础设计软件"上海地基基础规范法"计算书　　表 2.3.2.10-2

Q_j	L_j	E_c	A_{ps}		
1794.0	32.3	30000	0.2500		
ψ	ΔZ	α			
0.92	1.0	0.146			

压缩层 No.	压缩模量（MPa）	厚度（m）	附加应力（kPa）	土的自重应力（kPa）	压缩量（mm）
(1)	12.40	1.00	269.8	296.8	21.7613
(2)	12.40	1.00	121.7	305.2	9.8120
(3)	12.40	1.00	115.7	313.6	9.3271
(4)	12.40	1.00	109.9	322.0	8.8625
(5)	12.40	0.95	107.6	330.2	8.2405
(6)	32.80	1.00	103.0	339.3	3.1407
(7)	51.90	1.00	100.7	349.4	1.9409
(8)	51.90	1.00	89.9	359.5	1.7328
(9)	51.90	1.00	89.9	369.6	1.7328
(10)	51.90	0.30	89.9	376.2	0.5198
(11)	51.00	1.00	80.1	382.1	1.5702
(12)	51.00	1.00	80.1	390.9	1.5702
(13)	51.00	1.00	80.1	399.7	1.5702
(14)	51.00	1.00	80.1	408.5	1.5702
(15)	51.00	1.00	71.1	417.3	1.3948
(16)	51.00	1.00	71.1	426.1	1.3948
(17)	51.00	0.30	71.1	431.8	0.4184

续表

压缩层 No.	压缩模量(MPa)	厚度(m)	附加应力(kPa)	土的自重应力(kPa)	压缩量(mm)
(18)	21.90	1.00	71.1	437.5	3.2482
(19)	21.90	1.00	63.2	446.3	2.8840
(20)	21.90	1.00	63.2	455.1	2.8840
(21)	21.90	1.00	63.2	463.9	2.8840
(22)	21.90	1.00	0.0	472.7	0.0000
	$E'=21.19$	$Z_n=20.55$			$\sum S=88.4594$
					$S=81.4711$

[案例 2.3.2.10] 的盈建科基础设计软件"上海地基基础规范法"计算值为 81.5mm，与实测最后沉降量 155.1mm 之比为 0.53。

计算值明显偏小的原因之一，与盈建科基础设计软件将沉降计算范围限定在 0.6 倍桩长以内，以致大量桩位于沉降计算范围以外有着密切的关系。

且同样为"不考虑桩径影响明德林应力公式法"，盈建科基础设计软件"上海地基基础规范法"的计算压缩层厚度 20.55m，仅为手算压缩层厚度 41.55m 的 49%；在 1.0m 厚的计算压缩层之内，计算附加应力由 63.2kPa，突然衰变为零，这很不正常。

由于盈建科基础设计软件应用手册并未介绍软件中有关"上海地基基础规范法"的设定，因此难以判断是否泊松比取值、桩侧阻力模式的选定等因素，导致出现上述不正常现象。

[案例 2.3.2.10] 的盈建科基础设计软件"考虑桩径影响的明德林应力公式法"的计算书，见表 2.3.2.10-3。

盈建科基础设计软件"考虑桩径影响的明德林应力公式法"计算书　　　表 2.3.2.10-3

ξ_e	Q_j	L_j	E_c	A_{ps}	S_e
0.50	1769.2	32.3	30000	0.2500	3.8037
ψ	ΔZ	α			
1.00	1.0	0.146			

压缩层 No.	压缩模量(MPa)	厚度(m)	附加应力(kPa)	土的自重应力(kPa)	压缩量(mm)
(1)	12.40	1.00	267.2	296.8	21.5480
(2)	12.40	1.00	121.1	305.2	9.7675
(3)	12.40	1.00	115.2	313.6	9.2913
(4)	12.40	1.00	109.6	322.0	8.8358
(5)	12.40	0.95	107.3	330.2	8.2186
(6)	32.80	1.00	102.8	339.3	3.1346
(7)	51.90	1.00	100.6	349.4	1.9377
(8)	51.90	1.00	89.9	359.5	1.7324
(9)	51.90	1.00	89.9	369.6	1.7324
(10)	51.90	0.30	89.9	376.2	0.5197
(11)	51.00	1.00	80.1	382.1	1.5712
(12)	51.00	1.00	80.1	390.9	1.5712
(13)	51.00	1.00	80.1	399.7	1.5712
(14)	51.00	1.00	80.1	408.5	1.5712
				$S=73.0$	

[案例 2.3.2.10] 的盈建科基础设计软件"考虑桩径影响的明德林应力公式法"计算值为 73.0mm，与实测最后沉降量 155.1mm 之比为 0.47。

计算值明显偏小的原因，主要与盈建科基础设计软件将沉降计算范围限定在 0.6 倍桩长以内，以致大量桩位于沉降计算范围以外有着密切的关系。

2.3.2.11 上海闸北区某 20 层住宅沉降计算探讨

[案例 2.3.2.11] 为上海闸北区某 20 层住宅（冯克康，1990），属于上海《地基基础规范》用于桩基沉降计算经验系数统计分析的 95 幢建筑之一，因此数据是可靠的。

[案例 2.3.2.11] 地基土物理力学性质指标，见表 2.3.2.11-1。

地基土物理力学性质指标

表 2.3.2.11-1

层序	土的名称	物理性质				力学性质				原位测试	
						剪切试验		压缩试验		比贯入阻力 P_s (MPa)	标贯试验 N (击数)
		厚度 h(m)	含水量 $\omega(\%)$	重力密度 ρ (g/cm³)	天然孔隙比 e	内摩擦角 $\phi(°)$	内聚力 C(kPa)	压缩模量 $E_{S0.1\sim0.2}$ (MPa)	压缩模量 E_S (MPa)		
1	杂填土	1.5	—	—	—	—	—	—	—	—	—
2	褐黄色粉质黏土	1.5	—	1.88	—	—	—	—	—	2	8～10
3	褐灰色黏质粉土	4.5	40.0	1.77	1.14	25.2	16.7	4.81	0.43	2	8～10
4	灰色粉细砂	9.0	23.8	1.83	0.82	26.5	0	13.18	15.7	7～8	25～45
5	灰色粉质黏土	8.5	35.7	1.82	1.03	18.5	11.8	4.38	6.0	1	7～12
6	暗绿色黏土	4.0	25.0	2.01	0.70	16.2	28.7	0.17	12.6	2～2.5	20～22
7	褐黄色砂质粉土	14.5	33.2	1.85	0.94			11.93	17.9	—	30～35
8	灰色黏土	9.5	39.8	1.82	1.11	17.6	13.3	6.67			
9	灰色粉质黏土	>7.0	33.9	1.82	0.99	22.0	10.0	6.21			

注：第二栏压缩模量为考虑土的自重压力至土的自重压力加附加压力作用时的压缩模量。

[案例 2.3.2.11] 采用预制钢筋混凝土方桩，桩长 8m，桩断面 450mm×450mm，共 220 根。基底附加压力为 181.3kPa。

[案例 2.3.2.11] 桩位平面图，如图 2.3.2.11-1 所示。

[案例 2.3.2.11] 沉降实测历时 11 年，实测最后平均沉降量为 319mm。实测推算最终沉降量为 424mm。

[案例 2.3.2.11] 实测沉降—时间曲线，如图 2.3.2.11-2 所示。

[案例 2.3.2.11] 的"不考虑桩径影响明德林应力公式法"手算沉降为 401mm，与实测推算最终沉降值之比为 0.95。计算结果满足 80%保证率的要求。手算压缩层厚度为 24.2m。（计算过程略）

[案例 2.3.2.11] 的盈建科基础设计软件"上海地基基础规范法"的计算书，见表 2.3.2.11-2。

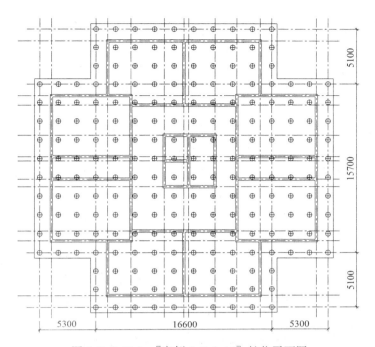

图 2.3.2.11-1 [案例 2.3.2.11] 桩位平面图

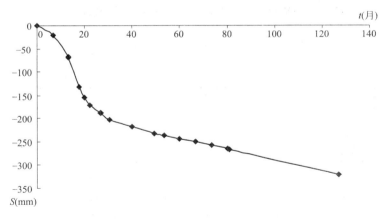

图 2.3.2.11-2 [案例 2.3.2.11] 实测沉降—时间曲线

盈建科基础设计软件"上海地基基础规范法"计算书   表 2.3.2.11-2

Q_j	L_j	E_c	A_{ps}		
495.9	8.0	30000	0.2025		
ψ	ΔZ	α			
1.05	1.0	0.468			
压缩层 No.	压缩模量(MPa)	厚度(m)	附加应力(kPa)	土的自重应力(kPa)	压缩量(mm)
(1)	15.70	1.00	186.2	100.3	11.8610
(2)	15.70	1.00	99.4	108.8	6.3320
(3)	15.70	1.00	80.7	117.3	5.1400
(4)	15.70	1.00	72.9	125.8	4.6449

续表

压缩层 No.	压缩模量(MPa)	厚度(m)	附加应力(kPa)	土的自重应力(kPa)	压缩量(mm)
(5)	15.70	1.00	65.6	134.3	4.1788
(6)	15.70	1.00	0.0	142.8	0.0000
	$E'=15.70$	$Z_n=6.00$			$\sum S=32.1567$
					$S=33.7646$

[案例 2.3.2.11] 的盈建科基础设计软件"上海地基基础规范法"计算值为 33.8mm，与实测推算最终沉降量 424mm 之比为 0.08。

计算值明显偏小的原因之一，与盈建科基础设计软件将沉降计算范围限定在 0.6 倍桩长以内，以致大量桩位于沉降计算范围以外有着密切的关系。

且同样为"不考虑桩径影响明德林应力公式法"，盈建科基础设计软件"上海地基基础规范法"的计算压缩层厚度 6.0m，仅为手算压缩层厚度 24.2m 的 25％；且在 1.0m 厚的计算压缩层之内，计算附加应力由 65.6kPa，突然衰变为零，这很不正常。

由于盈建科基础设计软件应用手册并未介绍软件中有关"上海地基基础规范法"的设定，因此难以判断是否泊松比取值、桩侧阻力模式的选定等因素，导致出现上述不正常现象。

[案例 2.3.2.11] 的盈建科基础设计软件"考虑桩径影响的明德林应力公式法"的计算书，见表 2.3.2.11-3。

盈建科基础设计软件"考虑桩径影响的明德林应力公式法"计算书　表 2.3.2.11-3

ξ_e	Q_j	L_j	E_c	A_{ps}	S_e
0.67	496.0	8.0	30000	0.2025	0.4355
ψ	ΔZ	α			
1.00	1.0	0.468			

压缩层 No.	压缩模量(MPa)	厚度(m)	附加应力(kPa)	土的自重应力(kPa)	压缩量(mm)
(1)	15.70	1.00	186.3	100.3	11.8643
(2)	15.70	1.00	99.4	108.8	6.3336
(3)	15.70	1.00	80.7	117.3	5.1412
(4)	15.70	1.00	72.9	125.8	4.6459
(5)	15.70	1.00	65.6	134.3	4.1798
(6)	15.70	1.00	0.0	142.8	0.0000
	$E'=15.70$	$Z_n=6.00$			$\sum S=32.1648$
					$S=32.6003$

[案例 2.3.2.11] 的盈建科基础设计软件"考虑桩径影响的明德林应力公式法"计算值为 32.6mm，与实测推算最终沉降量 424mm 之比为 0.08。

计算值明显偏小的原因，主要与盈建科基础设计软件将沉降计算范围限定在 0.6 倍桩长以内，以致大量桩位于沉降计算范围以外有着密切的关系。

2.3.2.12　上海静安区某 20 层大楼沉降计算探讨

[案例 2.3.2.12] 为上海某 20 层大楼，含 1 层地下室（李良勇，1994）。属于上海地基基础规范用于桩基沉降计算经验系数统计分析的 95 幢建筑之一，因此数据比较可靠。

[案例 2.3.2.12]地基土物理力学性质指标见表 2.3.2.12-1。

地基土物理力学性质指标　　　　　　　　　　　　表 2.3.2.12-1

层序	土的名称	物理性质				力学性质			
						压缩试验		剪切试验	
		厚度 h(m)	含水量 ω(%)	天然孔隙比 e	容重 γ (kN/m³)	压缩模量 $E_{s0.1\sim0.2}$ (MPa)	压缩系数 $a_{0.1\sim0.2}$ (MPa⁻¹)	内摩擦角 ϕ(°)	内聚力 C(kPa)
1	填土	—	—	—	—	—	—	—	—
2	粉质黏土	—	35.4	0.977	18.7	3.77	0.57	18.25	9
3	淤泥质粉质黏土	—	42.9	1.176	17.9	2.46	0.82	19.25	6
4	淤泥质黏土	10.74	50.0	1.376	17.3	2.19	0.99	12.00	8
5-1	黏土	5.06	37.0	1.040	18.4	3.02	0.65	9.75	15
5-2	粉质黏土	19.9	32.2	0.983	18.2	4.29	0.44	20.00	10
6	粉质黏土	0.90	19.6	0.557	20.9	6.62	0.23	20.00	26
7	粉细砂	13.0	26.9	0.771	19.2	13.5	0.13	30.00	5
8	粉质黏土	未穿	33.1	0.912	19.0	4.75	0.39	15.00	24

[案例 2.3.2.12]采用预制混凝土方桩，桩长 40.6m，桩断面 450mm×450mm。采用第 7 层细砂作为桩端持力层，共 213 根。底板厚度 1500mm，基底附加压力为 247.2kPa。

[案例 2.3.2.12]桩位平面图，如图 2.3.2.12-1 所示。

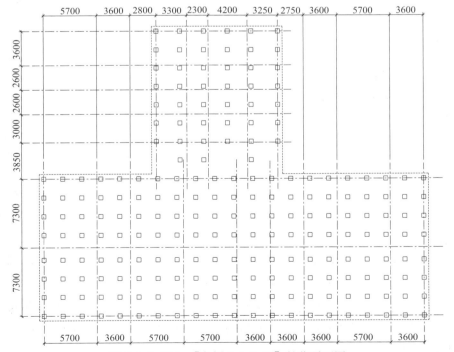

图 2.3.2.12-1　[案例 2.3.2.12]桩位平面图

注：未能检索到［案例 2.3.2.12］的桩位平面图，仅有桩数、基础平面图等资料。但桩位的具体布置，除对明德林应力公式法计算结果的影响一般在 10% 以内外，对其他桩基沉降计算结果均无影响，因此按均布桩处理。

［案例 2.3.2.12］沉降实测历时 5.2 年，实测最后平均沉降量为 50.9mm，实测推算最终沉降量为 72.3mm。

［案例 2.3.2.12］"不考虑桩径影响明德林应力公式法"手算沉降值为 93.1mm，与实测推算最终沉降量之比为 1.288。计算结果基本满足 80% 保证率的要求。手算压缩层厚度为 16.2m。（计算过程略）

［案例 2.3.2.12］的盈建科基础设计软件"上海地基基础规范法"的计算书，见表 2.3.2.12-2。

盈建科基础设计软件"上海地基基础规范法"计算书 表 2.3.2.12-2

Q_j	L_j	E_c	A_{ps}
1031.9	40.6	30000	0.2025

ψ	ΔZ	α
0.90	1.0	0.235

压缩层 No.	压缩模量（MPa）	厚度（m）	附加应力（kPa）	土的自重应力（kPa）	压缩量（mm）
(1)	13.50	1.00	224.5	340.7	16.6293
(2)	13.50	1.00	86.9	350.1	6.4363
(3)	13.50	1.00	77.2	359.5	5.7174
(4)	13.50	1.00	75.0	368.9	5.5546
(5)	13.50	1.00	72.7	378.3	5.3871
(6)	13.50	1.00	70.5	387.6	5.2210
(7)	13.50	1.00	68.2	397.0	5.0550
(8)	13.50	1.00	64.0	406.4	4.7421
(9)	13.50	1.00	54.7	415.8	4.0546
(10)	13.50	1.00	54.7	425.2	4.0546
(11)	13.50	1.00	54.7	434.6	4.0546
(12)	13.50	0.30	54.7	440.7	1.2164
(13)	4.75	1.00	54.7	446.7	11.5237
(14)	4.75	1.00	47.0	455.9	9.9006
(15)	4.75	1.00	47.0	465.1	9.9006
(16)	4.75	1.00	47.0	474.3	9.9006
	$E'=10.20$	$Z_n=15.30$			$\sum S=109.3486$
					$S=98.4138$

［案例 2.3.2.12］的盈建科基础设计软件"上海地基基础规范法"计算值为 98.4mm，与实测推算最终沉降量 72.3mm 之比为 1.36。基本满足 80% 的保证率。

［案例 2.3.2.12］的盈建科基础设计软件"考虑桩径影响的明德林应力公式法"的计算书，见表 2.3.2.12-3。

盈建科基础设计软件"考虑桩径影响的明德林应力公式法"计算书 表 2. 3. 2. 12-3

ξ_e	Q_j	L_j	E_c	A_{ps}	S_e
0.50	1164.7	40.6	30000	0.2025	3.8920
ψ	ΔZ	α			
1.00	1.0	0.234			

压缩层 No.	压缩模量(MPa)	厚度(m)	附加应力(kPa)	土的自重应力(kPa)	压缩量(mm)
(1)	17.40	1.00	241.9	340.1	13.9013
(2)	17.40	1.00	85.4	349.5	4.9099
(3)	17.40	1.00	73.5	358.9	4.2215
(4)	17.40	1.00	71.4	368.3	4.1008
					$S=27.1$

[案例 2.3.2.12] 的盈建科基础设计软件"考虑桩径影响的明德林应力公式法"计算值为 27.1mm，与实测推算最终沉降量 72.3mm 之比为 0.37。

计算值明显偏小的原因，主要与盈建科基础设计软件将沉降计算范围限定在 0.6 倍桩长以内，以致大量桩位于沉降计算范围以外有着密切的关系。

2.3.2.13 上海静安区某 26 层大楼沉降探讨

[案例 2.3.2.13] 为上海某 26 层大楼，含 1 层地下室（陈亚平，1994）。属于上海地基基础规范用于桩基沉降计算经验系数统计分析的 95 幢建筑之一，数据比较可靠。

[案例 2.3.2.13] 地基土物理力学性质指标见表 2.3.2.13-1。

地基土物理力学性质指标 表 2. 3. 2. 13-1

层序	土的名称	物理性质				力学性质			
						压缩试验		剪切试验	
		厚度 h(m)	含水量 ω(%)	天然孔隙比 e	容重 γ (kN/m³)	压缩模量 $E_{S0.1\sim0.2}$ (MPa)	压缩系数 $a_{0.1\sim0.2}$ (MPa^{-1})	内摩擦角 ϕ(°)	内聚力 C(kPa)
1	填土	—	—	—	—	—	—	—	—
2	黏土	—	34.2	0.99	18.5	4.1	0.46	14.5	17
3	淤泥质粉质黏土	—	46.1	1.29	17.4	2.1	1.04	16.25	7
4	淤泥质黏土	9.6	46.1	1.39	17.4	2.2	0.99	9.5	13
4a	淤泥质黏质粉土	5.0	33.1	1.03	17.9	4.1	0.46	19.5	9
5	粉质黏土	21.0	20.0	0.61	20.4	8.3	0.19	23.45	45
6	粉质黏土	1.5	21.9	0.68	19.5	11.0	0.15	28.5	7
7	砂质粉土	—	26.2	0.77	19.1	12.5	0.14	30.0	5
8a	细砂土	—	26.1	0.71	19.2	14.4	0.12	28.5	5
8b	细砂土	—	30.0	0.87	18.6	10.3	0.18		

[案例 2.3.2.13] 采用预制混凝土方桩，桩长 40.5m，桩断面 450mm×450mm，共 400 根。底板厚度 1500mm。基底附加压力为 353kPa。

[案例 2.3.2.13] 桩位平面图，如图 2.3.2.13-1 所示。

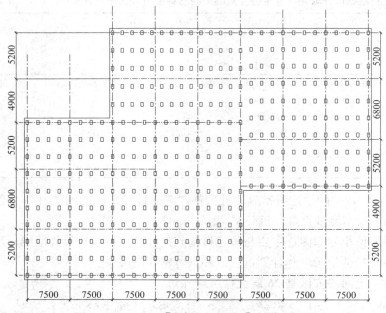

图 2.3.2.13-1　[案例 2.3.2.13] 桩位平面图

注：未能搜索到 [案例 2.3.2.13] 的桩位平面图，仅有 [案例 4.3.6] 的桩数、基础平面图等资料。但桩位的具体布置，除对"明德林应力公式法"计算结果的影响一般在10%以内外，对其他桩基沉降计算结果均无影响，因此按均布桩处理。

[案例 2.3.2.13] 沉降实测历时 9 年，实测最后平均沉降量为 122mm。实测推算最终沉降量为 141mm。

[案例 2.3.2.13] "不考虑桩径影响明德林应力公式法"手算值为 185mm，与实测推算最终沉降量 141mm 之比为 1.312。计算结果基本满足 80% 保证率的要求。手算压缩层厚度为 28.4m。（计算过程略）

[案例 2.3.2.13] 的盈建科基础设计软件"上海地基基础规范法"的计算书，见表2.3.2.13-2。

盈建科基础设计软件"上海地基基础规范法"计算书　　表 2.3.2.13-2

Q_j	L_j	E_c	A_{ps}		
1097.9	40.5	30000	0.2025		
ψ	ΔZ	α			
0.90	1.0	0.158			
压缩层 No.	压缩模量（MPa）	厚度（m）	附加应力（kPa）	土的自重应力（kPa）	压缩量（mm）
(1)	16.00	1.00	250.9	386.6	15.6799
(2)	16.00	1.00	157.1	395.9	9.8164
(3)	16.00	1.00	145.7	405.2	9.1065
(4)	16.00	1.00	141.1	414.5	8.8208
(5)	16.00	1.00	136.6	423.8	8.5366
(6)	16.00	1.00	132.2	433.1	8.2620
(7)	16.00	1.00	127.8	442.4	7.9893
(8)	16.00	1.00	119.6	451.7	7.4726

压缩层 No.	压缩模量(MPa)	厚度(m)	附加应力(kPa)	土的自重应力(kPa)	压缩量(mm)
(9)	16.00	1.00	101.1	461.0	6.3174
(10)	16.00	1.00	101.1	470.3	6.3174
(11)	16.00	1.00	101.1	479.6	6.3174
(12)	16.00	1.00	101.1	488.9	6.3174
(13)	16.00	1.00	85.9	498.2	5.3678
(14)	16.00	1.00	85.9	507.5	5.3678
(15)	16.00	1.00	85.9	516.8	5.3678
(16)	16.00	1.00	85.9	526.0	5.3678
(17)	16.00	0.60	73.4	533.5	2.7531
(18)	16.00	1.00	73.4	540.9	4.5886
(19)	16.00	1.00	73.4	550.2	4.5886
(20)	16.00	1.00	73.4	559.5	4.5886
(21)	16.00	1.00	73.4	568.8	4.5886
(22)	16.00	1.00	63.2	578.1	3.9511
(23)	16.00	1.00	63.2	587.4	3.9511
(24)	16.00	1.00	63.2	596.7	3.9511
(25)	16.00	1.00	63.2	606.0	3.9511
(26)	16.00	1.00	0.00	615.3	0.0000
$E'=16.00$		$Z_n=25.60$			$\sum S=159.3366$
					$S=143.4030$

[案例 2.3.2.13] 的盈建科基础设计软件"上海地基基础规范法"计算值为 143.4mm,与实测推算最终沉降量 141mm 之比为 1.02。满足 80% 的保证率。

但盈建科基础设计软件"上海地基基础规范法"的计算,在 1.0m 厚的计算压缩层之内,计算附加应力由 63.2kPa,突然衰变为零,这很不正常。

由于盈建科基础设计软件应用手册并未介绍软件中有关"上海地基基础规范法"的设定,因此难以判断是否泊松比取值、桩侧阻力模式的选定等因素,导致出现上述不正常现象。

[案例 2.3.2.13] 的盈建科基础设计软件"考虑桩径影响的明德林应力公式法"的计算书,见表 2.3.2.13-3。

盈建科基础设计软件"考虑桩径影响的明德林应力公式法"计算书 表 2.3.2.13-3

ζ_e	Q_j	L_j	E_c	A_{ps}	S_e
0.50	1061.3	40.5	30000	0.2025	3.5376
ψ	ΔZ	a			
1.00	1.0	0.158			

压缩层 No.	压缩模量(MPa)	厚度(m)	附加应力(kPa)	土的自重应力(kPa)	压缩量(mm)
(1)	16.00	1.00	245.0	386.6	15.3112
(2)	16.00	1.00	154.4	395.9	9.6482
(3)	16.00	1.00	143.5	405.2	8.9696
(4)	16.00	1.00	139.1	414.5	8.6967
(5)	16.00	1.00	134.8	423.8	8.4247
(6)	16.00	1.00	130.6	433.1	8.1616
(7)	16.00	1.00	126.4	422.4	7.8995
(8)	16.00	1.00	118.4	451.7	7.4016

压缩层 No.	压缩模量（MPa）	厚度（m）	附加应力（kPa）	土的自重应力（kPa）	压缩量（mm）
(9)	16.00	1.00	100.5	461.0	6.2801
(10)	16.00	1.00	100.5	470.3	6.2801
(11)	16.00	1.00	100.5	479.6	6.2801
(12)	16.00	1.00	100.5	488.9	6.2801
(13)	16.00	1.00	85.6	498.2	5.3496
	$E'=16.00$	$Z_n=13.00$			$\sum S=104.9830$
					$S=108.5206$

[案例 2.3.2.13] 的盈建科基础设计软件"考虑桩径影响的明德林应力公式法"计算值为 108.5mm，与实测推算最终沉降量 141mm 之比为 0.77。

计算值偏小的原因，主要与盈建科基础设计软件将沉降计算范围限定在 0.6 倍桩长以内，以致大量桩位于沉降计算范围以外有着密切的关系。

2.3.3 盈建科基础设计软件计算常规桩基沉降的疑难与探讨

各类软件都是"黑箱"，软件的技术手册一般都不会完全交代清楚其编制的细节。因此只有将软件计算书与手算计算书对照，得出软件计算的"窍门"。

现以上海、福州、浙江等地共 15 例有沉降实测资料的常规桩基，采用手算与盈建科基础设计软件计算沉降，并与实测沉降对比，试图找出规律，供工程应用。

15 例常规桩基的手算沉降、盈建科基础设计软件计算沉降与实测沉降值的对比，见表 2.3.3-1。表中"手算沉降值"是指"不考虑桩径影响的明德林应力解"的手算结果，其中泊松比取 0.4，桩侧摩阻力沿桩身线性增长；"不考虑桩径影响的明德林应力解法"是指盈建科基础设计软件中的"上海地基基础规范法"；"考虑桩径影响的明德林应力解法"是指盈建科基础设计软件中的"明德林方法"。

常规桩基手算沉降、盈建科基础设计软件计算沉降与实测沉降值的对比　　　表 2.3.3-1

序号	案例名称	实测沉降①（mm）	手算沉降值②（mm）	不考虑桩径影响的明德林应力解法③（mm）	考虑桩径影响的明德林应力解法④（mm）	②/①	③/①	④/①
1	上海某 7 层冷库	304	255	77.7	70.6	0.84	0.26	0.23
2	上海某 20 层剪力墙	397	510	57.1	55.7	1.28	0.14	0.14
3	上海某 12 层剪力墙	93	74.6	37.3	17.6	0.80	0.40	0.19
4	上海某 32 层剪力墙	36.9	76.4	59.3	32.2	2.08	1.61	0.88
5	福州某小区 6 号楼	80	75.6	15.8	11.0	0.95	0.20	0.14
6	福州某小区 9 号楼	100	90.3	41.5	21.1	0.90	0.41	0.21
7	福州某小区 10 号楼	90	88.1	41.8	22.8	0.98	0.46	0.25
8	福州某小区 14 号楼	80	89.4	35.4	17.2	1.12	9.44	0.22
9	浙江某小区 1 号楼	70	133	30.7	16.4	1.90	0.44	0.23
10	浙江某小区 2 号楼	80	133	30.7	16.4	1.66	0.38	0.21
11	上海黄浦区某 30 层	40.8	47.7	11.2	1.6	1.17	0.27	0.04

续表

序号	案例名称	实测沉降① (mm)	手算沉降值② (mm)	不考虑桩径影响的明德林应力解法③ (mm)	考虑桩径影响的明德林应力解法④ (mm)	②/①	③/①	④/①
12	上海黄浦区某24层	155	274	81.5	73	1.77	0.53	0.47
13	上海闸北区某20层	424	401	33.8	32.6	0.95	0.08	0.08
14	上海静安区某20层	72.3	93.1	98.4	27.1	1.29	1.36	0.37
15	上海静安区某26层	141	185	143.4	108.5	1.31	1.02	0.77
平均						1.26	0.53	0.30

由表 2.3.3-1 可知，"不考虑桩径影响的明德林应力解"手算值的保证率最高，盈建科基础设计软件"上海地基基础规范法"的保证率其次，盈建科基础设计软件"明德林方法"的保证率最低。且盈建科基础设计软件提供的两种桩基沉降计算结果，没有修正的价值。

"明德林应力公式法"手算方法的前提是以桩群的中心桩、桩顶荷载按平均值，所得的计算值代表桩群的平均沉降。软件计算的前提是荷载不均匀。因此手算结果与软件计算结果有一定差别也属正常。但盈建科基础设计软件"上海地基基础规范法"计算结果中，有 8 例案例在 0.2～1.0m 厚的计算压缩层之内，计算附加应力突然衰变为零，这很不正常。应该与盈建科基础设计软件关于"上海地基基础规范法"的设定有关。

2.4 小 结

通过上海地区 17 例钻孔灌注桩基础与 18 例预应力管桩基础计算沉降与实测值的对比，确定《建筑桩基技术规范》JGJ 94—2008 的"挤土效应系数"中隐含有"端阻比影响系数"。因此对包括采用预制桩尖的沉管灌注桩、预钻孔取土的预制桩等预制桩基础，由等效作用分层总和法计算沉降时，无论桩距大小，均应乘以"挤土效应系数"。

再通过上海、福州、浙江等地 15 例桩基础沉降计算值与实测值的对比，发现对于单一建筑物的承台群基础，由盈建科基础设计软件的"等效作用分层总和法"与"明德林方法"计算所得的沉降值，远小于实测值。

对于桩筏（格筏）基础，由盈建科基础设计软件的"上海地基基础规范法"与"明德林方法"计算所得的沉降值，也远小于实测值。

《建筑地基基础设计规范》GB 50007—2011 的"不考虑桩径影响的明德林应力解"计算结果的保证率较高。建科基础设计软件"上海地基基础规范法"的原理虽属于"不考虑桩径影响的明德林应力解"，但由于不清楚其设定，因此不宜盲目应用其计算结果。

3. 盈建科基础设计软件计算复合桩基的疑难与探讨

3.1 引　　言

桩土共同作用在工程界早已达成共识。事实上，复合桩基即使在常规桩基础设计中也处处存在：如现在最保守的工程师与设计审查人，一般也接受在桩基础计算中不考虑承台板自重，理由是当刚浇筑承台板时混凝土强度等级为零，因此承台板自重由地基土承担。但这就是复合桩基，只不过取板底土净反力等于承台板自重而已。又如计算桩基础地下室底板承受地下水浮力作用的内力，从复合桩基的角度看，地下水浮力的力学效应就相当于板底土净反力。本章探讨的主要是指径距比小于等于 6 倍桩径的复合桩基。径距比大于等于 6 倍桩径的疏桩复合桩基础沉降计算有一定的特殊性，因此单独进行探讨。

《建筑桩基技术规范》JGJ 94—2008 表 4 用来验证承台效应系数的 15 项工程实例，仍然是《建筑桩基技术规范》JGJ 94—1994 的工程实例。且其中未提供承台底基土实测土反力的分担比。

本书第 2 节由上述工程实例的承台底土承载力特征值数据，发现《建筑桩基技术规范》中所提供计算复合基桩承载力所依据的承台底土承载力特征值，实际上并未采用统一的定义。

本书第 3 节提供全国 13 个省市，共 85 例复合桩基工程实例的原位实测承台底土抗力分担总荷载的比例，以及计算值与实测值的比较。

关于复合桩基沉降计算方法，盈建科基础设计软件将现行《建筑桩基技术规范》所提供适用于径距比大于等于 6 倍桩径的疏桩复合桩基沉降计算公式（5.5.14-4），推广应用于一般复合桩基。

本书第 4 节主要依据现行《建筑桩基技术规范》表 4 给出的 15 项复合桩基工程实例中，能够检索到上部结构荷载、地质勘察资料与实测沉降数据的上海、福州等地共 7 项工程实例，以及浙江 2 项工程实例，对现行《建筑桩基技术规范》式（5.5.14-4）应用于一般复合桩基的结果，发现存在着较大疑问。

3.2 承台底基土承载力特征值的定义探讨

若是承台底基土承载力特征值没有一个统一的定义，则承台底土反力计算值的确定就失去了评判的统一标准。

《建筑桩基技术规范》JGJ 94—1994 中表 5-5 给出了山东、武汉、福州、上海等地共 15 个工程实例的实测承台底土抗力，以及由承台效应系数计算所得的计算土抗力。

《建筑桩基技术规范》JGJ 94—2008 中表 4 给出的 15 个工程实例，仍然是《建筑桩基技术规范》JGJ 94—1994 中表 5-5 的那些工程实例，只不过省略了这些工程实例的承台底基土名称、未扣除静水压力值的实测土抗力以及工程实例所在城市的名字。

现将两个版本表中的数据，组合成一个建筑物群桩承台土抗力计算与实测比较表，见表 3.2-1。

建筑物群桩承台土抗力计算与实测比较　　　　　　表 3.2-1

序号	工程名称	等效距径比	承台宽与桩长比	承台底基土	承台底土承载力特征值(kPa)	计算承台效应系数	计算承台土抗力(kPa)	实测承台土抗力(kPa)
1	武汉 22 层框架剪力墙	3.29	1.12	粉质黏土	80	0.15	12.0	13.4(53.4)
2	上海 25 层框架剪力墙	3.94	1.44	砂质粉土	90	0.20	18.0	25.3(65.3)
3	天津大港独立柱基	3.55	0.18	淤泥质粉质黏土	60	0.21	17.1	17.7(24.7)
4	上海 20 层剪力墙	3.75	2.95	黏质粉土	90	0.20	18.0	20.4(40.4)
5	上海 12 层剪力墙	3.82	0.506	淤泥质粉质黏土	80	0.8(0.9)	23.2	33.8(63.8)
6	上海 16 层框架剪力墙	3.14	0.456	砂质粉土	80	0.23	16.1	15.0(40.0)
7	上海 32 层剪力墙	4.31	0.453	淤泥质粉质黏土	80	0.27	18.9	19.0(39.0)
8	上海 26 层框架核心筒	4.26	0.687	砂质粉土	80	0.33	26.4	29.4(89.4)
9	福州 7 层砖混怡园 2 号	4.6	0.163	黏、填土	79	0.18	13.7	14.4
10	福州 7 层砖混怡园 3 号	4.6	0.111	黏、填土	79	0.18	14.2	18.5
11	福州 7 层框架 6 号	4.15	0.98	黏、填土	110	0.17	19.0	19.5
12	福州 7 层框架 9 号	4.3	0.73	黏、填土	110	0.16	18.0	24.5
13	福州 7 层框架 10 号	4.4	0.61	黏、填土	110	0.16	19.3	32.1
14	福州 7 层框架 14 号	4.3	0.73	黏、填土	110	0.16	19.1	19.4
15	山东某油田塔基	4.0	1.4	黏质粉土	120	0.50	60.0	66.0

注：1. 实测承台土抗力，括弧内为未扣除静水压力值，括弧外为扣除静水压力（浮力）值。

　　2. 表中的部分工程（序号 2、4、5、6、11、12、13、14）的承台底基土名称，系根据已收集到该工程公开发表的地质勘察资料。与《建筑桩基技术规范》JGJ 94—1994 表 5-5 有所不同。

现行《建筑桩基技术规范》对计算复合基桩竖向承载力特征值所采用的 f_{ak}，有着明确的规定，即"承台下 1/2 承台宽度且不超过 5m 深度范围内各层土的地基承载力特征值按厚度加权的平均值"。

因此就可以对表 3.2-1 的 15 个工程实例中，已收集到地质勘察资料的 11 个工程实例进行探讨：

1. 表 3.2-1 中序号 5～8 上海的 4 个工程，承台底基土分别为淤泥质粉质黏土与砂质粉土，而承台底土承载力特征值均取为 80kPa。

探讨：上海地区的地基土承载力特征值 80kPa，是基于变形控制指标的表层"硬壳层"的容许承载力，而非淤泥质黏土的容许承载力。上海地区淤泥质黏土的容许承载力一般为 50～60kPa 左右。而主要分布在上海原吴淞江故道区域的浅层粉土，容许承载力一般为 90～100kPa 左右。

因此，对于现行《建筑桩基技术规范》表 4 将淤泥质粉质黏土与砂质粉土的承载力特征值，若均定为 80kPa，就应该不是上海地区"基于变形控制指标的容许承载力"了。

2. 表 3.2-1 中序号 11～14 的福州某新村某小区 4 个工程，承台底土承载力特征值为 110kPa。

由该工程的地质勘察资料可知（张雁等，1994），场地土层依次为：成分复杂、堆填极不均匀的新填土，厚度 0.0～2.1m，容许承载力为 60～120kPa；黏土，厚度 0.0～1.4m，在大部场地缺失，容许承载力为 100kPa；淤泥，厚度 3.4～4.6m，容许承载力为 45kPa；淤泥质土，厚度 3.3～4.6m，容许承载力为 80kPa。

由此可见，现行《建筑桩基技术规范》表 4 对序号 11～14 的工程承台底土承载力特征值的取值 110kPa，可能是浅层平板荷载试验的结果。在现行《建筑桩基技术规范》同一表格中，对上海与福州这两个不同城市工程的承载力特征值，采取不同的定义，这应该不合乎桩基规范的规定。

3. 但现行《建筑桩基技术规范》表 4 给出武汉、上海、福州 11 项工程的承载力特征值，也不是由抗剪强度指标确定的土承载力特征值。

由此可见现行《建筑桩基技术规范》表 4 中，用来计算 14 项工程承台底土抗力的承载力特征值，既不是承台底基土基于强度指标的承载力，也不是基于变形控制指标的容许承载力。因此表 4 所进行的计算值与实测值的比较，就失去了统一的评判标准。

3.3　计算土抗力与实测值对比以及实测承台底土抗力分担比的探讨

现行《建筑桩基技术规范》至今仅提供 15 项复合桩基工程实例，这对工程师应用复合桩基，以及获得设计审查人员的支持，相当不利。

《建筑桩基技术规范》JGJ 94—1994 颁布至今已过去 20 年，大量复合桩基工程实践留下大量的原位实测数据，可以补充《建筑桩基技术规范》JGJ 94—2008 所提供案例的缺失。

3.3.1　计算土抗力与实测值对比与探讨

现将个人所能检索到的部分复合桩基工程的实测数据列表，由承台效应系数计算承台土抗力，并与实测值进行比较，见表 3.3.1-1。

建筑物群桩承台土抗力计算与实测比较　　　　　　　　　　表 3.3.1-1

序号	工程名称	等效距径比	承台底基土	承台底土承载力特征值(kPa)	计算承台效应系数	计算承台土抗力(kPa)	实测承台土抗力(kPa)	计算值/实测值	文献作者名
1	武汉 22 层框剪	3.29	粉质黏土	80	0.15	12.0	13.4(53.4)	1.12	何颐华,1990.3
2	上海 25 层框剪	3.94	砂质粉土	100	0.22	22.0	25.3(65.3)	0.87	金宝森,1992,2
3	上海 20 层剪力墙	3.75	黏质粉土	90	0.20	18.0	20.4(40.4)	0.88	陈强华,1990.1
4	上海 12 层剪力墙	3.82	淤泥质粉质黏土	60	0.28	16.8	33.8(63.8)	0.50	贾宗元,1990.2

序号	工程名称	等效距径比	承台底基土	承台底土承载力特征值(kPa)	计算承台效应系数	计算承台土抗力(kPa)	实测承台土抗力(kPa)	计算值/实测值	文献作者名
5	上海 16 层框剪	3.14	砂质粉土	84	0.23	19.3	15.0(40.0)	1.29	赵锡宏,1989,12
6	上海 32 层剪力墙	4.31	淤泥质粉质黏土	60	0.27	16.2	19.0(39.0)	0.85	
7	上海 26 层框架核心筒	4.26	砂质粉土	100	0.33	33.0	29.4(89.4)	1.12	
8	福州 7 层框架 6 号	4.15	黏、填土	54.5	0.23	12.5	19.5	0.64	张雁,1994.3
9	福州 7 层框架 9 号	4.3	黏、填土	54.5	0.22	12.0	24.5	0.49	
10	福州 7 层框架 10 号	4.4	黏、填土	54.5	0.22	12.0	32.1	0.37	
11	福州 7 层框架 14 号	4.3	黏、填土	54.5	0.21	11.4	19.4	0.59	

注：以上为 JGJ 94—2008 版桩基规范的表 4 给出的 15 个工程实例中能够查到地基土参数的 11 例工程实例，以下工程为等效径距比小于 6 的多、高层建筑基础

序号	工程名称	等效距径比	承台底基土	承台底土承载力特征值(kPa)	计算承台效应系数	计算承台土抗力(kPa)	实测承台土抗力(kPa)	计算值/实测值	文献作者名
12	上海 60 层框筒	3.1	粉质黏土	(200)	0.12	24	26.0(232)	0.92	戴标兵,2009.7
13	上海 35 层剪力墙	—	砂质粉土	—	—	—	41.0(81.0)	—	金石安,2001.12
14	上海 24 层剪力墙	3.9	淤泥质粉质黏土	60	0.2	12	8.1(56)	1.48	洪毓康,1997.3
15	上海 101 层框筒	—	粉质黏土	—	—	—	90.0	—	申兆武,2008.1
16	上海某桥梁 4 桩承台	3.45	粉质黏土	80	0.108	8.6	11.1	0.77	周健,2003.10
17	上海某桥梁 5 桩承台	3.58	粉质黏土	80	0.118	9.5	15.0	0.63	
18	上海某桥梁 4 桩承台	3.45	粉质黏土	80	0.108	8.6	12.0	0.72	
19	上海某高架桥 9 桩承台 A	2.53	砂质粉土	—	—	—	15	—	周罡,2009.2
20	上海某高架桥 9 桩承台 B	2.53	粉质黏土	—	—	—	31	—	
21	上海某高架桥 21 桩承台	3.06	淤泥质粉质黏土	60	0.08	4.8	96.5	0.05	杨奇,2014.8
22	上海某筒仓	3.96	粉质黏土	—	—	—	0.0	—	陈绪禄,1980.1
23	南京 24 层框筒	5.0	淤泥质粉质黏土	75	0.2	15	5.5(45.5)	2.7	李俊才,2009.4
24	南京 33 层框筒	5.9	粉质黏土	110	0.426	47	—(68.1)	—	孙文科,2001.6
25	南京 28 层框筒	—	淤泥质黏土	85	—	—	(81.6)	—	钟闻华,2003.11
26	南京 7 层框架	5.7	素填土	63	0.36	22.7	26	0.87	黄广龙,2007.10
27	苏州 18 层框架 8 桩承台	4.0	黏土	166	0.06	10.0	35.4(80.4)	0.28	陈甦,2007.11
28	苏州 18 层框架 9 桩承台	4.0	黏土	176	0.06	10.6	37.5(74.5)	0.30	
29	苏州 18 层框架 40 桩承台	4.0	黏土	166	0.09	14.9	15.6(60.6)	0.96	
30	江苏灌南县 6 层住宅	—	—	—	—	—	0.0	—	全浩,2011.11
31	福州 23 层框架	3.9	坡积土、残积土	140	0.20	28	80(101)	0.35	饶红旗,2006.6
32	福州 33 层框筒	—	页片状淤泥	—	—	—	—(62.0)	—	饶红旗,2000.2
33	福建 10 层厂房	5.0	粉质黏土	150～180	0.32	64.0	—(71.5)	—	宰金珉,2008.1
34	厦门 30 层框剪 A	4.9	残积土	250	—	—	175(250)	—	周峰,2007.5
35	厦门 30 层框剪 B	5.2	残积土	300	—	—	(140)	—	饶红旗,2006.6
36	杭州 22 层框剪	4.99	粉砂	150	0.44	66.	59.0(89)	0.89	张忠苗,2010.4

续表

序号	工程名称	等效距径比	承台底基土	承台底土承载力特征值(kPa)	计算承台效应系数	计算承台土抗力(kPa)	实测承台土抗力(kPa)	计算值/实测值	文献作者名
37	浙江绍兴6层砖混1号	4.97	粉质黏土、淤泥质黏土	64	0.32	20	15.6	1.28	冯军洪，2000.2
38	浙江绍兴6层砖混2号	4.97		64	0.32	20	15.4	1.30	
39	浙江绍兴6层砖混3号	4.65		64	0.28	18	15.5	1.16	
40	浙江温州7层砖混	5.8	粉质黏土	—	—	—	8.0		朱奎，2006.9
41	浙江10万m³油罐	4.3	黏土	80	0.243	19.4	18.6	1.04	俞海洪，2013.4
42	重庆99层筒体	—	土岩组合				15	—	田茂祥，2013.5
43	重庆31层框剪	3.5	粉土	140	0.2	28	25	1.12	曹树刚，2005.2
44	沈阳14层框架	3.3	粉质黏土	200	0.2	40	43.0	0.93	王明恕，2000.10
45	辽宁桥基1号承台	4.47	粉质黏土	110	0.26	28.6	74.7	0.38	王桂虎，2009.5
46	辽宁桥基2号承台	3.78			0.17	18.7	48.0	0.39	
47	山西某发电厂房1号承台	3.5	粉质黏土	220	0.14	30.8	41.8(51.8)	0.74	贺武斌，2002.11
48	山西某发电厂房2号承台	3.5			0.14	30.8	55.9(65.9)	0.55	
49	山西某发电厂房3号承台	4.25			0.17	37.2	35.1(50.1)	1.06	
50	山西某发电厂房4号承台	3.5			0.14	30.8	43(58.0)	0.72	
51	山西某选煤厂房1号承台	2.0	粉砂夹粉土	120	0.08	9.6	78.96	8.23	李建军，2010.2
52	山西某选煤厂房2号承台	2.0					105.19	10.96	
53	西安36层筒体	3.0	粉质黏土		0.10		82	—	齐良锋，2004.5
54	西安20层框剪	3.4	黄土				62.1(73.2)	—	姚仰平，2001.5
55	湿陷性黄土地区(陕西)14层	3.6	湿陷性黄土				～60	—	朱栅，2004.4
56	江西12层商住楼	—	粉质黏土	210			86.0	—	彭小荣，2002.8
57	郑州18层综合楼	—	粉质黏土	130	0.2	26	36.0(51.0)	0.72	宋建学，2007.10
58	河北唐山25层	2.5	粉质黏土				57.0		李忠诚，2003.1
59	湖北16层框剪	3.67	黏土	350	0.17	59.5	—(127)		胡春林，2003.8
60	黑龙江大庆市某过滤间	—	—				30.0		朱腾明，1996.6
61	合肥18层住宅	5.76	黏土	276	—		29		杨钰，2010.2
62	京沪高铁江南段1号承台	2.67	—		0.13		～21.0		杨小华，2010.1
63	京沪高铁江南段2号承台	2.67	—		0.13		～20.0		刘芳，2011.5
64	京津铁路永定新河特大桥北京端	3.33	—		—	—	10		荆志东，2010.10
65	京津铁路武清站A	—	—				20～30		
66	京津铁路武清站B	—	—				10		
67	京沪高铁虹桥站	5.23	—				22		陈尚勇，2012.9
68	京沪高铁宿州站	4.8	—				15		陈潇，2010.4
69	郑西客运专线新华山站	—	黄土				2		杨陈承，2009.5
70	郑西客运专线新临潼站	—	黄土				2～3		

续表

序号	工程名称	等效距径比	承台底基土	承台底土承载力特征值(kPa)	计算承台效应系数	计算承台抗力(kPa)	实测承台土抗力(kPa)	计算值/实测值	文献作者名
71	沪昆高铁宜春站	—	粉质黏土	150	0.32	48	23	0.48	凌秀权,2013.1
72	北京某36层大楼外围框架	5.24	细中砂	350	0.311	109	(102.6)	1.06	王涛,2010.4
73	黄土地区储罐A	5.5	黄土类粉质黏土	200	0.395	79	67.2	1.18	徐至钧,1982.6
74	黄土地区储罐B	7.6			0.65	130	121.6	1.07	
75	黄土地区储罐C	4.9			0.218	44	154.8	0.28	
76	南京某水池	4.0	淤泥质粉质黏土	70	0.176	12.3	15.6	0.79	杨挺,2007.11
77	江苏某风机工程	4.68	粉土	160	0.18	28.8	19.7~22.2	1.37	张延军,2014.11
78	广州某粮仓	4.2	淤泥夹砂	—	0.2	12.0	—	—	赵自亮,2014.3
79	天津某大厦	4.3	—			(39)	—	—	陈祥福,2011.3
80	洛口试桩G—25	3.0	轻黏性粉砂	125	0.12	15	63	0.24	刘金砺,1990.7
注:以下工程为等效径距比大于等于6的标准疏桩高层建筑基础									
81	南京9层框架	9.9	粉砂	140	0.5	70	30(50)	2.33	宰金珉,2001.10
82	徐州9层框架	6.35	粉质黏土	110	0.4	44.0	18.7(36.7)	2.35	王玮,2005.9
注:以下工程为等效径距比大于等于6的标准疏桩多层建筑基础									
83	上海徐汇区6层砖混A楼	6.5	粉质黏土与淤泥质黏土	63	0.4	25.2	7.72(10.2)	3.26	裴捷,2001.1
84	上海徐汇区6层砖混B楼	6.5	粉质黏土与淤泥质黏土	63	0.4	25.2	14.2(16.7)	1.77	
85	上海青浦区6层砖混	6.0	粉质黏土与黏土	80	0.4	32.0	3.65(9.65)	8.77	陈锦剑,2009.2
86	上海宝山区7层框架A楼	7.8	粉质黏土与砂质粉土	100	0.4	40.0	3.0(10)	13.33	李韬,2004
87	上海宝山区7层框架B楼	7.4	粉质黏土与砂质粉土	100	0.4	40.0	12.5(15)	3.2	
88	南京6层砖混	7.3	粉质黏土与淤泥质粉质黏土	83	0.4	33.2	7.0(10)	4.74	胡庆兴,2001.3
89	浙江宁波6层底框	7.9	粉质黏土与淤泥质粉质黏土	72	0.4	28.8	3.2(6.2)	9.0	张剑锋,2005.10
90	浙江台州5层综合楼	10.3	粉质黏土与淤泥	56	0.4	22.4	4.6(7.1)	4.87	李浩,2001.2

注:1. 承台土抗力,括弧内为未扣除静水压力值,括弧外为扣除静水压力(浮力)值。

　　2. 计算承台系数由桩基规范规定,对于饱和黏性土中的挤土桩基,一律取低值的0.8倍,即0.8×0.5=0.4。

若按"承台下1/2承台宽度且不超过5m深度范围内各层土的地基承载力特征值按厚度加权的平均值"计算承台土抗力,则在表3.3.1-1所列90个工程实例的十分有限的范围内,可得出以下初步结论:

1. 当承台下5m深度范围内为粉质黏土、粉土与粉砂时,大部分计算承台底土抗力与实测值的符合程度较好。

2. 当桩距径比大于6倍桩径时,无论承台下为淤泥质土、粉质黏土或粉砂(均位于地下水位以下),共10例工程实例的承台底土抗力计算值均明显大于不含地下水浮力的实测值，计算值与实测值之比为 1.77～13.33，平均为 5.36。由此可见，对于承台底土位于地下水位以下的疏桩复合桩基，由现行《建筑桩基技术规范》的承台效应系数计算所得的承台土抗力可能明显偏大。

3. 表 3.3.1-1 所列 90 项工程实例中，有 53 项工程实例（含某一工程实例中的单个承台）已检索到地质勘查数据，可按现行《建筑桩基技术规范》规定进行承台底土反力计算。

这 53 项工程实例的计算承台底土反力与实测值之比平均为 1.917，为现行《建筑桩基技术规范》表 4 所列 15 项工程实例的两者之比（1.185）的 1.618 倍。

同行们可根据表中所列工程实例文献的作者名，检索出有关文献，建立自己的数据库。

3.3.2 实测承台底土抗力分担比的探讨

盈建科基础设计软件在计算复合桩基时对桩土分担荷载比例的设定范围为 0～0.5，但《YJK-F 基础设计软件用户手册及技术条件》中并未给出桩土分担荷载比例的建议值。

现行《建筑桩基技术规范》表 4 给出 15 个工程实例的实测承台底土反力，但并未给出承台底基土的荷载分担比。且这 15 个工程实例所代表的地域相对较窄。

近年来大量复合桩基的设计应用与原位实测，留下了大量桩土荷载分担原位实测资料，其中包括为数不少的高速公路与高速铁路路堤复合桩基数据，可以提供更多地域的有关资料，供设计人员参考。

已检索到上海、江苏、浙江、福建、安徽、山西、陕西、四川、湖北、黑龙江、辽宁、天津、北京 13 个省市，共 85 例复合桩基工程实例的原位实测承台底土抗力分担总荷载的比例，见表 3.3.2-1。

国内原位实测承台底土抗力分担总荷载的比例　　　　　　　　表 3.3.2-1

序号	工程名称	上部层数	桩型	基础埋深(m)	实测沉降值(mm)	沉降观测时间(d)	土分担比例(%)	土分担比例(含水浮力)(%)	文献作者名
1	武汉 22 层框剪	22	预制桩	6.5	—	—	4.9	20.0	何颐华,1990.3
2	上海 25 层框剪	25	预制桩	8.5	90	1825	10.5	27.1	金宝森,1992.2
3	上海 20 层剪力墙	20	预制桩	1.7	397	1370	4.0	7.9	陈强华,1990.1
4	上海 12 层剪力墙	12	预制桩	4.5	93	2340	6.4	12.0	贾宗元,1990.2
5	上海 16 层框剪	16	预制桩	4.5			6.6	17.5	
6	上海 32 层剪力墙	32	预制桩	4.5	37	1121	5.4	11.1	赵锡宏,1989,12
7	上海 26 层框架核心筒	26	钢管桩	7.6	67	1814	8.6	26.0	
8	福州 7 层框架 6 号	7	沉管桩	1.0	70	>650	16.3	—	
9	福州 7 层框架 9 号	7	沉管桩	1.0	90	>650	20.4	—	张雁,1994.3
10	福州 7 层框架 10 号	7	沉管桩	1.0	80	>650	26.8	—	
11	福州 7 层框架 14 号	7	沉管桩	1.0	67	>650	16.6	—	

注：以上工程实例为现行《建筑桩基技术规范》表 4 数据。已检索到地质勘察资料、上部结构、桩土分担等详细资料

| 12 | 上海 60 层框筒 | 60 | 钻孔桩 | 24.0 | 55.4 | 463 | 3.0 | 27.0 | 戴标兵,2009.7 |

序号	工程名称	上部层数	桩型	基础埋深(m)	实测沉降值(mm)	沉降观测时间(d)	土分担比例(%)	土分担比例(含水浮力)(%)	文献作者名
13	上海 35 层剪力墙	35	预制桩	4.8	20	—	10.8	21.2	金石安, 2001.12
14	上海杨浦区 24 层框剪	24	预制桩	6.5	92	767	2.0	13.4	洪毓康, 1997.3
15	上海青浦区 6 层砖混	6	预制桩	1.2	33.4	290	1.9	5.15	陈锦剑, 2009.2
16	上海徐汇区 6 层砖混 A 楼	6	预制桩	1.2	140.0	1640	6.5	8.6	裴捷, 2001.1
17	上海徐汇区 6 层砖混 B 楼	6	预制桩	1.2	136.0	1640	12.0	14.13	
18	上海宝山区 7 层 A 楼	7	预制桩	1.2	15.5	270	0.3	1.0	李韬, 2004
19	上海宝山区 7 层 B 楼	7	预制桩	1.2	10.7	398	19.0	23.0	
20	上海某桥梁 4 桩承台 A	—	钻孔桩	1.2	8.9	117	15.0	—	周健, 2003.10
21	上海某桥梁 5 桩承台	—	钻孔桩	1.2	5.6	117	12.5	—	
22	上海某桥梁 4 桩承台 B	—	钻孔桩	1.2	6.6	117	16.5	—	
23	上海某高架桥 9 桩承台 A	—	预制桩	2.0				4.0	周罡, 2009.2
24	上海某高架桥 9 桩承台 B	—	钻孔桩	2.0				34.0	
25	上海某高架桥 21 桩承台	—	钻孔桩					25.0	杨奇, 2014.8
26	南京 33 层框筒	33	—	10.0		920		20.9	孙文科, 2001.6
27	南京 24 层框筒	24	预制桩	~7.0	13	415		17.5	李俊才, 2009.4
28	南京 28 层框筒	28	钻孔桩	11.0	10.1	—		24.8	钟闻华, 2003.11
29	南京 9 层框架	9	预制桩	2.8	23	1100	25.8	41.2	宰金珉, 2001.10
30	南京 6 层砖混	6	沉管桩	2.0	24	605	9.2	13.2	胡庆兴, 2001.3
31	苏州 18 层框架 8 桩承台	18	钻孔桩	6.0	30	420	9.4	21.4	陈甦, 2007.11
32	苏州 18 层框架 9 桩承台	18	钻孔桩	5.2	30	420	8.1	16.1	
33	苏州 18 层框架 40 桩承台	18	钻孔桩	6.0	30	420	4.4	15.4	
34	徐州 9 层框架	9	沉管桩	3.8	33	600	17.2	33.8	王玮, 2005.9
35	江苏灌南县 6 层住宅	6	预制桩	—	82	630	0.0	—	仝浩, 2011.11
36	杭州 22 层框剪	22	钻孔桩	7.0	20	700	10.9	20.0	张忠苗, 2010.4
37	浙江绍兴 6 层砖混 1 号	6	沉管桩	1.0	54	180	11.18		冯军洪, 2000.2
38	浙江绍兴 6 层砖混 2 号	6	沉管桩	1.0	43	180	11.03		
39	浙江绍兴 6 层砖混 3 号	6	沉管桩	1.0	55	180	10.96		
40	浙江宁波 6 层底框	6	锚杆桩	1.0	153	400	5.2	10.0	张剑锋, 2005.10
41	浙江 10 万 m³ 油罐	—	预制桩	1.0	360	300	6.5		俞海洪, 2013.4
42	浙江温州 7 层砖混	7	钻孔桩	1.5				8.5	朱奎, 2006.9
43	浙江台州 5 层综合楼	5	沉管桩	1.8			12.9	19.9	李浩, 2001.2
44	西安 36 层筒体	36	钻孔桩	13.0	17	522	14.0	—	齐良锋, 2004.5
45	西安 20 层框剪	20	钻孔桩	12.6	3.7	460	24.3	28.6	姚仰平, 2001.5
46	沈阳 14 层框架	14	挖孔桩	4.5	—	—	9.0	—	王明恕, 2000.10
47	沈阳 15 层框架	15	挖孔墩	5.7	—	1095	19.4	—	张布荣, 1997.12
48	辽宁桥基 1 号承台	—	预制桩	—	41	340	17.5		王桂虎, 2009.5
49	辽宁桥基 2 号承台	—	预制桩	—			12.0		

续表

序号	工程名称	上部层数	桩型	基础埋深(m)	实测沉降值(mm)	沉降观测时间(d)	土分担比例(%)	土分担比例(含水浮力)(%)	文献作者名
50	黑龙江大庆市某过滤间	—	预制桩	8.3			22.0		朱腾明,1996.6
51	福州23层框架	23	沉管桩	5.25	33	890	25.6	33.4	饶红旗,2006.6
52	福建10层厂房	10	预制桩	4.0	19	1580	—	28	饶红旗,2000.2
53	厦门30层框剪	30	人工挖孔桩	10.5	45	1095		75.0	宰金珉,2008.1
54	厦门30层框剪	30	人工挖孔桩	11.0	50	365		57.0	周峰,2007.5
55	湖北16层框剪	16	挖孔桩	4.0	17	300		25.0	胡春林,2003.8
56	重庆30层框剪	30	沉管桩	3.8	14	1075	11.0		曹树刚,2005.2
57	江西12层商住楼	12	预制桩	1.2	7	270	21.3		彭小荣,2002.8
58	河北唐山25层	25	钻孔桩	12.0	158	1150		17.5	李忠诚,2003.1
59	河北邯郸28层	28	预制桩	7.7	—		36.1		张万涛,2007.1
60	山西某发电厂房1号承台	1	预制桩	6.0	10	658	13.6		贺武斌,2002.11
61	山西某发电厂房2号承台	1	预制桩	6.0	12	658	17.2		
62	山西某发电厂房3号承台	1	预制桩	6.0	5	658	18.0		
63	山西某发电厂房4号承台	1	预制桩	6.0	4.5	658	16.0		
64	山西某选煤厂房1号承台	1	嵌岩桩	4.8	—	—	11.6		李建军,2010.2
65	山西某选煤厂房2号承台	1	嵌岩桩	4.8	—	—	15.5		
66	京沪高铁江南段1号承台	—	钻孔桩				4.05		杨小华,2010.1
67	京沪高铁江南段2号承台	—	钻孔桩				3.41		刘芳,2011.5
68	京沪高铁虹桥站	—	钻孔桩		8.5	210	37.8		陈尚勇,2012.9
69	京津铁路永定新河特大桥北京端	—	预制桩			440	5.7		荆志东,2010.10
70	京津高铁武清站	—	预制桩				5.7		
71	沪宁城际铁路(江苏段)	—	预制桩		28	300	6.5		刘常虹,2012.6
72	湿陷性黄土地区14层	14	钻孔桩	—	—	—		28.6	朱栅,2004.4
73	合肥18层住宅	18	预制桩			425		27	杨钰,2010.2
74	京沪高铁宿州站	—	预制桩	—	21.3	390		7.6	陈潇,2010.4
75	郑西客运专线新华山站	—	钻孔桩		3.2	270		4.5	杨陈承,2009.5
76	郑西客运专线新临潼站	—	钻孔桩		4	270		5.6	
77	郑州18层综合楼	18	钻孔桩	4.8	22	660		20	宋建学,2007.10
78	黄土地区储罐A	—	爆扩桩				59.76		徐至钧,1982.6
79	黄土地区储罐B	—	爆扩桩				72.59		
80	黄土地区储罐C	—	爆扩桩				55.68		
81	南京某水池	—	钻孔桩	4.1				9.0	杨挺,2007.11
82	江苏某风机工程	—	预制桩	3.8				23.0~34.2	张延军,2014.11
83	沪昆高铁宜春站	—	钻孔桩		8.6	300	24.53		凌秀权,2013.1
84	天津某大厦	41	预制桩	—	3.8	—		13	陈祥福,2011.3
85	洛口试桩G—25	—	钻孔桩	0.0	9.4	108	29.0		刘金砺,1990.7

由表 3.3.2-1 可以看出，灌注桩基桩间土分担的荷载一般比预制桩基要大些。而且桩间土分担比的大小与建筑物沉降的大小无关，主要与承台底基土参数、桩距等因素有关。

3.4 盈建科基础设计软件计算复合桩基的疑难

现行《建筑桩基技术规范》提出适用于径距比大于等于 6 倍桩径的疏桩复合桩基沉降计算公式(5.5.14-4)，但并未给出复核的工程实例。

盈建科基础设计软件将现行《建筑桩基技术规范》所提供适用于径距比大于等于 6 倍桩径的疏桩复合桩基沉降计算公式(5.5.14-4)，推广应用于一般复合桩基。

本节由上海、福州、浙江等地共 10 项工程实例，对现行《建筑桩基技术规范》式(5.5.14-4) 应用于一般复合桩基的沉降计算，进行复核。

3.4.1 上海某 20 层剪力墙工程复合桩基沉降计算探讨

[案例 2.3.2.1] 即现行《建筑桩基技术规范》表 4 中序号 4 的"20 层剪力墙"（陈强华，1990)，为上海普陀区某 20 层剪力墙住宅。有关数据见"2.3.2.1 上海某 20 层剪力墙工程桩基沉降计算探讨"。

[案例 2.3.2.1] 的板底埋设 54 只土压力盒，实测承台底净土反力平均值为 20.4kPa，实测含地下水浮力的土反力平均值为 40.4kPa。

[案例 2.3.2.1] 的《建筑桩基技术规范》"疏桩复合桩基沉降计算法"的盈建科基础设计软件计算书，见表 3.4.1-1。

《桩基规范》的"疏桩复合桩基沉降计算法"计算书　　　　表 3.4.1-1

ζ_e	Q_j	L_j	E_c	A_{ps}	S_e
0.67	483.9	7.5	30000	0.1600	0.5040
ψ	ΔZ	α			
1.00	1.0	0.445			

压缩层 No.	压缩模量(MPa)	厚度(m)	附加应力(kPa)	土的自重应力(kPa)	压缩量(mm)
(1)	11.60	1.00	194.7	71.6	16.7809
(2)	11.60	1.00	102.9	80.6	8.8704
(3)	11.60	1.00	77.1	89.6	6.6507
(4)	11.60	0.60	67.7	96.8	3.5015
(5)	3.61	1.00	59.6	103.7	16.5005
(6)	3.61	1.00	7.6	112.1	2.1000
	$E'=8.87$	$Z_n=5.60$			$\sum S=54.4041$
					$S=54.9081$

[案例 2.3.2.1] 的《建筑桩基技术规范》"疏桩复合桩基沉降计算法"的盈建科基础设计软件计算值为 55mm，与实测推算最终沉降量 397mm 之比为 0.14。

3.4.2 上海某 12 层大楼复合桩基沉降计算探讨

[案例 2.3.2.2] 即现行《建筑桩基技术规范》表 4 中序号 5 的"12 层剪力墙"（贾宗元，1990)，为上海徐汇区某 12 层建筑。有关数据见"2.3.2.2 上海某 12 层剪力墙工程

桩基沉降计算探讨"。

[案例 2.3.2.2] 的桩土荷载分担实测持续时间为 3 年以上。共埋设 13 只土压力盒，实测承台底土反力平均值为 33.8kPa（含地下水浮力为 63.8kPa）。

[案例 2.3.2.2] 的现行《建筑桩基技术规范》"疏桩复合桩基沉降计算法"的盈建科基础设计软件计算书，见表 3.4.2-1。

《建筑桩基技术规范》的"疏桩复合桩基沉降计算法"计算书 表 3.4.2-1

ζ_e	Q_j	L_j	E_c	A_{ps}	S_e		
0.50	603.0	25.5	30000	0.2025	1.2655		
ψ	ΔZ	α					
1.00	1.0	0.180					
压缩层 No.	压缩模量(MPa)	厚度(m)	附加应力(kPa)	土的自重应力(kPa)		压缩量(mm)	
(1)	11.31	1.00	112.4	271.9		9.9364	
(2)	11.31	1.00	46.6	282.1		4.1184	
	$E'=11.31$	$Z_n=2.00$				$\sum S=14.0548$	
						$S=15.3203$	

[案例 2.3.2.2] 的现行《建筑桩基技术规范》"疏桩复合桩基沉降计算法"的盈建科基础设计软件计算值为 15.3mm，与实测推算最终沉降量 93mm 之比为 0.16。

3.4.3　上海某 32 层剪力墙复合桩基沉降计算探讨

[案例 2.3.2.3] 即现行《建筑桩基技术规范》表 4 中序号 7 的"32 层剪力墙"（赵锡宏，1989），为上海某 32 层建筑。有关数据见"2.3.2.3 上海某 32 层剪力墙复合桩基沉降计算探讨"。

[案例 2.3.2.3] 共埋设 11 只桩顶荷载传感器，板底埋设 16 只土压力盒，实测承台底净土反力平均值为 19kPa，实测含地下水浮力的土反力平均值为 39kPa。

[案例 2.3.2.3] 的现行《建筑桩基技术规范》"疏桩复合桩基沉降计算法"的盈建科基础设计软件计算书，见表 3.4.3-1。

《建筑桩基技术规范》的"疏桩复合桩基沉降计算法"计算书 表 3.4.3-1

ζ_e	Q_j	L_j	E_c	A_{ps}	S_e		
0.50	1851.1	54.6	30000	0.2500	6.7380		
ψ	ΔZ	α					
1.00	1.0	0.112					
压缩层 No.	压缩模量(MPa)	厚度(m)	附加应力(kPa)	土的自重应力(kPa)		压缩量(mm)	
(1)	20.30	1.00	158.8	437.5		7.8224	
(2)	20.30	1.00	90.6	446.6		4.4626	
(3)	20.30	1.00	75.8	455.7		3.7325	
	$E'=20.30$	$Z_n=3.00$				$\sum S=16.0176$	
						$S=22.7556$	

[案例 2.3.2.3] 的《建筑桩基技术规范》"疏桩复合桩基沉降计算法"的盈建科基础设计软件计算值为 22.8mm，与实测推算最终沉降量 36.8mm 之比为 0.62。

3.4.4　福州某小区 6 号楼复合桩基沉降计算探讨

[案例 2.3.2.4] 即《建筑桩基技术规范》表 4 中序号 11 的"7 层框架 6 号住宅"（张

雁，1994），为福州某住宅小区 7 层建筑。有关数据见"2.3.2.4 福州某小区 6 号楼复合桩基沉降计算探讨"。

［案例 2.3.2.4］的底板下共埋设 18 只土压力盒，实测板底土反力 19.5kPa，历时超过 650 天。

［案例 2.3.2.4］的《建筑桩基技术规范》"疏桩复合桩基沉降计算法"的盈建科基础设计软件计算书，见表 3.4.4-1。

《建筑桩基技术规范》的"疏桩复合桩基沉降计算法"计算书　　　　表 3.4.4-1

ζ_e	Q_j	L_j	E_c	A_{ps}	S_e	
0.59	335.0	15.5	30000	0.1257	0.8179	
ψ	ΔZ	α				
1.00	1.0	0.287				
压缩层 No.	压缩模量（MPa）	厚度（m）	附加应力（kPa）	土的自重应力（kPa）	压缩量（mm）	
(1)	11.00	1.00	66.7	122.5	6.0619	
(2)	11.00	1.00	25.7	131.2	2.3390	
					$S=8.3$	

［案例 2.3.2.4］的《建筑桩基技术规范》"疏桩复合桩基沉降计算法"的盈建科基础设计软件计算值为 8.3mm，与实测推算最终沉降量 80mm 之比为 0.12。

3.4.5 福州某小区 9 号楼复合桩基沉降计算探讨

［案例 2.3.2.5］即现行《建筑桩基技术规范》表 4 中序号 12 的"7 层框架 9 号住宅"（张雁，1994），为福州某住宅小区 7 层建筑。有关数据见"2.3.2.5 福州某小区 9 号楼复合桩基沉降计算探讨"。

［案例 2.3.2.5］的底板下共埋设 18 只土压力盒，实测板底土反力 24.5kPa，历时超过 650 天。

［案例 2.3.2.5］的《建筑桩基技术规范》"疏桩复合桩基沉降计算法"的盈建科基础设计软件计算书，见表 3.4.5-1。

《建筑桩基技术规范》的"疏桩复合桩基沉降计算法"计算书　　　　表 3.4.5-1

ζ_e	Q_j	L_j	E_c	A_{ps}	S_e	
0.59	299.7	15.5	30000	0.1257	0.7317	
ψ	ΔZ	α				
1.00	1.0	0.287				
压缩层 No.	压缩模量（MPa）	厚度（m）	附加应力（kPa）	土的自重应力（kPa）	压缩量（mm）	
(1)	11.00	1.00	74.3	122.5	6.7527	
(2)	11.00	1.00	38.7	131.2	3.5171	
(3)	11.00	1.00	33.0	139.9	2.9974	
(4)	11.00	1.00	29.0	148.5	2.6361	
					$S=15.9$	

［案例 2.3.2.5］的《建筑桩基技术规范》"疏桩复合桩基沉降计算法"的盈建科基础设计软件计算值为 15.9mm，与实测推算最终沉降量 100mm 之比为 0.16。

3.4.6 福州某小区 10 号楼复合桩基沉降计算探讨

［案例 2.3.2.6］即现行《建筑桩基技术规范》表 4 中序号 13 的"7 层框架 10 号住宅"（张雁，1994），为福州某住宅小区 7 层建筑。有关数据见"2.3.2.6 福州某小区 10 号楼复合桩基沉降计算探讨"。

［案例 2.3.2.6］的底板下共埋设 18 只土压力盒，实测板底土反力 32.1kPa，历时超过 650 天。

［案例 2.3.2.6］的《建筑桩基技术规范》"疏桩复合桩基沉降计算法"的盈建科基础设计软件计算书，见表 3.4.6-1。

《建筑桩基技术规范》的"疏桩复合桩基沉降计算法"计算书　　　表 3.4.6-1

ζ_e	Q_j	L_j	E_c	A_{ps}	S_e	
0.59	269.3	15.5	30000	0.1257	0.6573	
ψ	ΔZ	α				
1.00	1.0	0.287				
压缩层 No.	压缩模量（MPa）	厚度（m）	附加应力（kPa）	土的自重应力（kPa）	压缩量（mm）
(1)	11.00	1.00	73.3	122.5	6.6627
(2)	11.00	1.00	42.5	131.2	3.8609
(3)	11.00	1.00	35.1	139.9	3.1917
(4)	11.00	1.00	29.1	148.5	2.6448
					$S = 16.4$

［案例 2.3.2.6］的《建筑桩基技术规范》"疏桩复合桩基沉降计算法"的盈建科基础设计软件计算值为 16.4mm，与实测推算最终沉降量 90mm 之比为 0.18。

3.4.7 福州某小区 14 号楼复合桩基沉降计算探讨

［案例 2.3.2.7］即现行《建筑桩基技术规范》表 4 中序号 14 的"7 层框架 14 号住宅"（张雁，1994），为福州某住宅小区 7 层建筑。有关数据见"2.3.2.7 福州某小区 14 号楼复合桩基沉降计算探讨"。

［案例 2.3.2.7］的底板下共埋设 18 只土压力盒，实测板底土反力 19.4kPa，历时超过 650 天。

［案例 2.3.2.7］的《建筑桩基技术规范》"疏桩复合桩基沉降计算法"的盈建科基础设计软件计算书，见表 3.4.7-1。

《建筑桩基技术规范》的"疏桩复合桩基沉降计算法"计算书　　　表 3.4.7-1

ζ_e	Q_j	L_j	E_c	A_{ps}	S_e	
0.59	274.0	15.5	30000	0.1257	0.6689	
ψ	ΔZ	α				
1.00	1.0	0.287				
压缩层 No.	压缩模量（MPa）	厚度（m）	附加应力（kPa）	土的自重应力（kPa）	压缩量（mm）
(1)	11.00	1.00	73.2	122.5	6.6546
(2)	11.00	1.00	41.9	131.2	3.8048
(3)	11.00	1.00	34.1	139.9	3.0990
(4)	11.00	1.00	28.2	148.5	2.5600
					$S = 15.1$

[案例2.3.2.7]的《建筑桩基技术规范》"疏桩复合桩基沉降计算法"的盈建科基础设计软件计算值为15.1mm，与实测推算最终沉降量80mm之比为0.19。

3.4.8 浙江某小区1号、2号楼复合桩基沉降计算探讨

[案例2.3.2.8]为浙江某小区1号、2号楼。有关数据见"2.3.2.8 浙江某小区1号2号楼复合桩基沉降计算探讨"。

[案例2.3.2.8]1号、2号楼承台板底共布置27只土压力盒，测试时间为1380d（近4年）。实测承台板底土反力：1号楼为15.6kPa，2号楼为15.4kPa。

[案例2.3.2.8]的《建筑桩基技术规范》"疏桩复合桩基沉降计算法"的盈建科基础设计软件计算书，见表3.4.8-1。盈建科基础设计软件尚不能计算条基复合桩基沉降，现近似按筏形基础复合桩基计算。

《建筑桩基技术规范》的"疏桩复合桩基沉降计算法"计算书 表 3.4.8-1

ζ_e	Q_j	L_j	E_c	A_{ps}	S_e		
0.67	307.6	12.0	30000	0.1425	0.5754		
ψ	ΔZ	α					
1.00	1.0	0.332					
压缩层 No.	压缩模量(MPa)	厚度(m)	附加应力(kPa)		土的自重应力(kPa)		压缩量(mm)
(1)	7.85	1.00	63.4		109.6		8.0785
(2)	7.85	1.00	31.6		119.1		4.0202
(3)	7.85	1.00	24.9		128.6		3.1759
							$S=15.3$

[案例2.3.2.8]的《建筑桩基技术规范》"疏桩复合桩基沉降计算法"的盈建科基础设计软件计算值为15.3mm，与1号实测推算最终沉降量70mm之比为0.22，与2号楼实测推算最终沉降量80mm之比为0.19。

3.4.9 上海宝山区某小区B楼疏桩复合桩基沉降计算探讨

[案例3.4.9]为上海宝山区某住宅小区7层框架结构住宅（李韬，2004），上部结构传至承台底面处对应于长期效应组合的竖向荷载值为102750kN。

[案例3.4.9]的地基土物理力学性质指标，见表3.4.9-1。

土的物理力学性质指标及承载力表 表 3.4.9-1

层序	土的名称	厚度 h (m)	重力密度 ρ (kN/m³)	静力触探 P_s (MPa)	压缩模量 E_s (MPa)	预制桩	
						桩周土摩擦力极限值 f_s(kPa)	桩端土承载力极限值 f_p(kPa)
①	填土	1.1	18.0	—	—		
②1	粉质黏土	0.7	18.7	0.88	4.80	15	
②2	粉质黏土夹碎石	1.6	18.3	0.77	5.42	15	
②3	砂质粉土夹粉砂	1.4	18.6	2.07	10.91	15	
③	淤泥质粉质黏土	2.2	17.6	0.46	3.16	15/22	
④	淤泥质黏土	7.3	16.7	0.56	2.17	26	

续表

层序	土的名称	厚度 h （m）	重力密度 ρ （kN/m³）	静力触探 P_s （MPa）	压缩模量 E_s （MPa）	预制桩	
						桩周土摩擦力极限值 f_s (kPa)	桩端土承载力极限值 f_p (kPa)
⑤	暗绿色粉质黏土	5.0	19.5	2.22	10.00	65	1700
⑥1	砂质粉土	6.9	18.9	4.76	18.00	70	4000
⑥2	细砂	5.1	18.9	9.66	22.00	—	—
⑦1	粉质黏土	9.1	17.9	2.73	6.00	—	—

［案例 3.4.9］承台外包面积约为 798m² （66.22m×12.05m），承台净面积为 623m²。$\omega=0.78$。共布置 287 根 200mm×200mm×16000mm 方桩。基础埋深 2.65m。

［案例 3.4.9］共埋设 23 只桩顶钢筋应力计，19 只承台底土压力盒。原位测试承台底土反力为 15kPa，单桩平均荷载 325.5kN，接近单桩极限承载力标准值 384kN。

［案例 3.4.9］基础平面图，如图 3.4.9-1 所示。

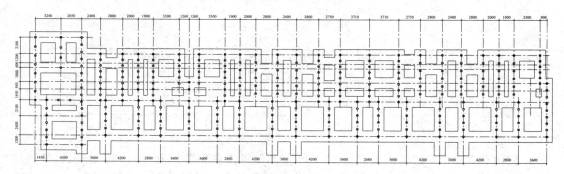

图 3.4.9-1 ［案例 3.4.9］基础平面图

［案例 3.4.9］结构封顶后 5 个月 （427 天） 实测平均沉降 15mm 左右，尚未达到沉降停测标准。估计实测推算最终沉降量不超过 40mm 左右。

［案例 3.4.9］的时间—沉降曲线，如图 3.4.9-2 所示。

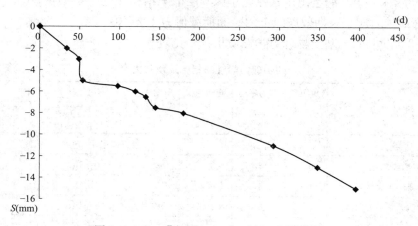

图 3.4.9-2 ［案例 3.4.9］时间—沉降曲线

[案例 3.4.9] 的《建筑桩基技术规范》"疏桩复合桩基沉降计算法"的盈建科基础设计软件计算书,见表 3.4.9-2。盈建科基础设计软件尚不能计算条基复合桩基沉降,现近似按筏形基础复合桩基计算。

《建筑桩基技术规范》的"疏桩复合桩基沉降计算法"计算书 表 3.4.9-2

ζ_e	Q_j	L_j	E_c	A_{ps}	S_e	
0.50	79.9	16.0	30000	0.0400	0.5324	
ψ	ΔZ	α				
1.00	1.0	0.000				
压缩层 No.	压缩模量(MPa)	厚度(m)	附加应力(kPa)		土的自重应力(kPa)	压缩量(mm)
(1)	10.00	1.00	14.3		132.3	1.4331
	$E'=10.00$	$Z_n=1.00$				$\sum S=1.4331$
						$S=1.9655$

[案例 3.4.9] 的《建筑桩基技术规范》"疏桩复合桩基沉降计算法"的盈建科基础设计软件计算值为 2.0mm,与 [案例 3.4.9] 实测推算最终沉降量 40mm 之比为 0.05。

3.4.10 盈建科基础设计软件计算复合桩基的疑难之探讨

盈建科基础设计软件计算复合桩基的基本原理是现行《建筑桩基技术规范》式 (5.5.14-4)。由现行《建筑桩基技术规范》第 5.5.14 可知,该式适用于桩中心距大于 6 倍桩径的疏桩复合桩基。但《建筑桩基技术规范》并未给出验证该式的工程实例,以及有关的沉降计算经验系数。

现以上海、福州、浙江等地共 10 例有原位实测桩土荷载分担与沉降实测资料的复合桩基,采用盈建科基础设计软件计算沉降,并与实测沉降对比,试图找出规律,供工程应用。这 10 例复合桩基的盈建科基础设计软件计算沉降与实测沉降值的对比,见表 3.4.10-1。

盈建科基础设计软件计算沉降与实测沉降值的对比 表 3.4.10-1

序号	案例名称	实测沉降①(mm)	软件计算沉降②(mm)	不考虑桩径影响的明德林应力解法手算③(mm)	土分担比例(%)	②/①	②/③
1	上海某 20 层剪力墙	397	55.0	510	7.9	0.14	0.11
2	上海某 12 层剪力墙	93	15.3	74.6	12.0	0.16	0.21
3	上海某 32 层剪力墙	36.8	22.8	76.4	11.1	0.62	0.30
4	福州某小区 6 号楼	80	8.3	75.6	16.3	0.12	0.11
5	福州某小区 9 号楼	100	15.9	90.3	20.4	0.16	0.18
6	福州某小区 10 号楼	90	16.4	88.1	26.8	0.18	0.19
7	福州某小区 14 号楼	80	15.1	89.4	16.6	0.19	0.17
8	浙江某小区 1 号楼	70	15.3	133	11.2	0.22	0.12
9	浙江某小区 2 号楼	80	15.3	133	11.0	0.19	0.12
10	上海宝山区某小区 B 楼	40	2.0	62.2	23.0	0.05	0.03
平均						0.20	0.15

10 例案例的盈建科基础设计软件计算结果与实测值之比平均为 0.20，且均偏于不安全。这说明该软件计算方法完全不可靠。

将《建筑桩基技术规范》中式(5.5.14-4) 直接推广应用于到一般复合桩基，已经缺少有关规范的依据。再由表 3.5.1 可知，很难给出一个合理的复合桩基沉降计算经验系数。除了计算值与实测值差距过大外，还可以很方便地证明，土分担比例取值越大，计算沉降就越小。

盈建科基础设计软件计算值明显偏小的原因，既与《建筑桩基技术规范》"疏桩复合桩基沉降计算法"本身的缺陷有关，还与盈建科基础设计软件将沉降计算范围限定在 0.6 倍桩长以内，以致大量桩位于沉降计算范围以外有着密切的关系。

如序号 3 的"上海某 32 层剪力墙"桩长 54.6m，所有桩均位于 0.6 倍桩长的沉降计算范围以内，因此软件计算值的保证率在上述 10 例案例中最高。

3.5 小　　结

由于复合桩基一般需要有一定的沉降量，随着对建筑物沉降要求的提高，且这类工程沉降计算方法至今尚未完全成熟，因此复合桩基的应用呈现日益减少的趋势。

但主裙楼连体桩基工程为了调整主裙楼之间的沉降差，有时需要对裙楼采用复合桩基。基础设计软件均提供复合桩基的沉降计算方法，这就牵涉到复合桩基沉降计算的保证率问题，因此需要进行探讨。

复合桩基的承台板内力计算与桩土荷载分担也有着一定的影响。《建筑桩基技术规范》提供原位实测土反力的工程实例较少，地域代表性也有所不足。因此本章补充了 80 余例工程实例的实测数据，可供参考。

通过 10 例案例的计算与探讨，发现盈建科基础设计软件计算复合桩基沉降方法的结果，远远偏于不安全，其计算原理也存在缺陷，因此该软件的复合桩基沉降计算结果不可信。

4. 盈建科基础设计软件计算主裙楼连体桩基的疑难与探讨

4.1 引　言

主裙楼连体桩基工程的沉降实测资料较多，主楼的桩土荷载分担原位监测文献也并不少见，但尚未检索到裙楼与外扩纯地下室的桩土荷载分担原位监测资料。

但最缺少的是主裙楼连体桩基工程的上部结构模型与详细的地质资料（主要是地基土的压缩曲线），因此很难对软件计算的结果进行探讨与质疑。于是主裙楼连体桩基工程沉降计算的探讨，就很容易陷入各种软件计算结果的比较。加上桩筏基础的承台板钢筋应力原位实测显示，钢筋应力一般均远远小于计算值，因而可能造成一种误解，即沉降计算的准确与否无关紧要。

但在工程实践中，基础底板是否开裂一般来说是难以观察到的，因为需要开挖进入基础底板以下。而主裙楼连体基础的裙楼（含外扩纯地下室）底部裂穿现象并不少见。由此可见，至少对于主裙楼连体基础工程主裙楼之间的沉降差，在计算底板内力时，不容忽视。

为了调整主裙楼连体桩基的主楼与裙楼、纯地下室桩基的沉降差，裙楼与纯地下室桩基可能分别采用复合疏桩基础与小桩群基础，因此主裙楼连体桩基就需要综合运用常规桩基、复合桩基与小桩群、复合疏桩基础的沉降计算方法，而设计人员应用盈建科基础设计软件计算时常出现误解，因此单列一章。

本章第 2 节通过上海、北京、云南、安徽、山东、河南、江苏、四川等地 23 例主裙楼连体桩基工程实测沉降与沉降差，探讨了这类工程采用变刚度桩基设计的必要性。

本章第 3 节通过盈建科基础设计软件计算上海主裙楼连体变刚度桩基的沉降，与实测数据的对比，探讨该软件有关桩基沉降计算的疑难。

本章第 4 节对比了上海某主裙楼连体变刚度桩基工程，按上海的"弹簧刚度法"所得计算结果，与盈建科基础设计软件计算结果的对比，探讨不同沉降计算结果对基础底板计算内力的影响。

4.2 主裙楼连体桩基工程的实测沉降资料与沉降计算的必要性

云南、上海、东营、郑州、重庆、南京、青岛、安徽、北京、杭州、深圳、肇庆、西安等地，共 31 例主裙楼连体桩基工程的实测沉降与最大沉降差，见表 4.2-1。

4. 盈建科基础设计软件计算主裙楼连体桩基的疑难与探讨

主裙楼连体桩基工程实测沉降与最大沉降差 　　　　　表 4.2-1

序号	工程名称	主楼层数	裙楼层数	主楼沉降(mm)	裙楼沉降(mm)	最大沉降差(mm)	文献作者名
1	云南某医院	28	2	110	(测点不足)	(底板裂穿)	迟铃泉,2007
2	上海某大厦	24	4	370	216	154	王涛,2006.6
3	上海某大楼	7	3	410	60	350	蒋龙祥,2000
4	上海联谊大厦	30	3	49.5	28.9	20.6	蒋利学,2002.5
5	上海茂海宾馆	26	5	39.4	25.4	14.0	赵锡宏,1989.12
6	上海胜康廖氏大厦	26	4	32.1	23.4	8.7	包彦,2003.12
7	上海恒隆广场	66	5	51	18	33	
8	上海三角地广场	28	6	45	15	30	赵锡宏,1999.1
9	上海中山广场	35	2	11.9	−7(隆起)	18.9	
10	上海华亭宾馆	29	4	80	60	20	
11	上海交大包兆龙图书馆	22	5	17	5	12	宰金珉,1993.2
12	杭州友好饭店	23	2	20	10	10	
13	山东东营某大楼	26	3	37.8	24.4	13.4	王丽艳,2007.4
14	郑州火炬大厦	18	6	34	12	22	申俊红,2006.4
15	重庆北碚广电大厦	31	4	20	10	10	李成芳,2008.9
16	南京大学 MBA 大楼	24	3	14.9	11	3.9	李俊才,2009.4
17	南京天华大厦	28	5	12.6	9	3.6	钟闻华,2003.4
18	青岛中银大厦	52	4	74.3	47.3	27	陈祥福,2005.3
19	安徽文艺大厦	23	4	47.8	14	33.8	赵锡宏,1999.1
20	北京昆仑饭店	29	5	70	20	50	
21	北京南银大厦	28	—	44.7	19	25.7	
22	北京电视中心	41	0			45	
23	北京长青大厦	26	4			45	
24	北京皂君庙电信大楼	18	9			35	张雁,2009.11
25	北京佳美风尚	28	6			30	
26	北京悠乐汇	28	4			27	
27	北京万豪世纪	32	5			40	
28	北京香格里拉饭店	26	1	24	16	8	
29	深圳敦信大厦	32	2	2	0	2	宰金珉,1993.2
30	肇庆星湖大酒店	34	4	27	7	20	
31	西安皇后大酒店	22	1	29.8	5.9	23.9	董建国,1997.9

　　表 4.2-1 中序号 1、2、3 的云南某医院、上海某大厦与上海某大楼属于设计失误，暂且不论；仅由表 4.2-1 的实测数据就可知，在主裙楼连体桩基工程的基础内力计算中，不应忽视沉降差的影响。

　　更不能因为原位实测桩筏基础承台板钢筋应力远小于计算值，就认为可以不考虑沉降差的影响。因为在工程实践中，这类工程的主楼承台板外裙楼或纯地下室底板裂穿现象并不罕见；且有关桩筏基础承台板钢筋应力原位实测的文献中，尚缺少主楼承台板外裙楼或纯地下室底板钢筋应力的测试数据。因此现在就忽略沉降差的影响，是偏于不安全的。

4.3 上海某 12 层主裙楼连结桩基工程沉降计算探讨

[案例 4.3.1] 即现行《建筑桩基技术规范》表 4 中序号 5 的"12 层剪力墙"（贾宗元，1990），为上海徐汇区某 12 层建筑。属于上海地基基础规范用于桩基沉降计算经验系数统计分析的 95 幢建筑之一，因此沉降实测数据是可靠的。且地基土物理力学性质指标系由原地质勘查报告摘录，较为难得。[案例 4.3.1] 地基土物理力学性质指标，见表 4.3-1。

地基土物理力学性质指标　　　　　　　　　　　表 4.3-1

层序	土的名称	物理性质		桩侧摩阻力极限值 q_{sk}(kPa)	桩端阻力极限值 q_{pk}(kPa)	压缩模量 $E_{S0.1-0.2}$（MPa）
		厚度 h（m）	重力密度 ρ（N/cm³）			
1	杂填土	1.3	—	—	—	—
2	粉质黏土	1.6	18.5	15	—	3.31
3	淤泥质粉质黏土	4.6	17.4	22	—	2.12
4	淤泥质黏土	6.3	17.3	28	—	1.78
5	黏土	5.3	18.0	55	1500	3.15
6	粉质黏土	9.3	18.7	55	2000	4.61
7	粉质黏土	2.7	20.5	90	2750	8.86
8	黏质粉土	0.9	20.3	—	—	8.86
9	粉砂	6.5	18.9	—	—	11.31
10	细砂	3.0	18.6	—	—	13.26
11	细砂	>14.5	19.0	—	—	16.27

[案例 4.3.1] 的 12 层主楼（1 层地下室）采用预制钢筋混凝土方桩，桩长 25.5m，桩断面 450mm×450mm。采用第 7 层粉质黏土作为桩端持力层，共 82 根。底板厚度 900mm。

[案例 4.3.1] 的 2 层裙楼采用预制钢筋混凝土方桩，桩长 16m，桩断面 200mm×200mm。采用第 6 层粉质黏土作为桩端持力层，共 44 根。桩承台基础。主楼与裙楼上部要求连通。主楼基底附加压力为 145.73kPa，裙楼桩顶平均荷载为 381kN。基础埋深均取 3.8m。桩位与基础平面图，如图 4.3-1 所示。

[案例 4.3.1] 的主楼沉降实测时间由 1984 年 6 月至 1990 年 11 月，历时 6.4 年，实测最后平均沉降量为 77mm，最终沉降速率为 0.003mm/d，已达到沉降稳定的标准（连续两次半年沉降量不超过 2mm）。实测推算最终沉降量为 93mm。裙楼实测最后平均沉降量与主楼接近。

[案例 4.3.1] 的主楼实测沉降—时间曲线，如图 4.3-2 所示。

[案例 4.3.1] 的裙楼实测沉降结果与主楼相当接近。

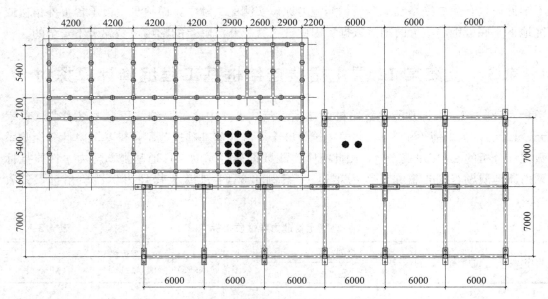

图 4.3-1　［案例 4.3.1］桩位与基础平面图

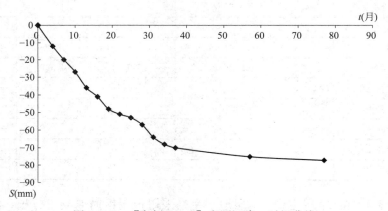

图 4.3-2　［案例 4.3.1］实测沉降—时间曲线

4.3.1　盈建科基础设计软件沉降计算探讨

由前所述，盈建科基础设计软件给出计算桩基沉降的方法有 3 种：

"上海地基基础规范法"。其实就是国标《地基基础规范》推荐的"不考虑桩径影响的明德林应力公式法"，只不过泊松比取 $\mu=0.4$ 而已。盈建科基础设计软件称之为"上海地基基础规范法"，极易引起误会。

"等效作用分层总和法"即手算版的"不考虑桩径影响的明德林应力公式法"，但由于多年的坚持与积累，已经演变为另一套桩基沉降方法。

"考虑桩径影响的明德林应力公式法"盈建科基础设计软件将其推广到一般桩基工程，本书第 2 章已进行探讨，不赘。

以下分别就这 3 种计算方法的结果与实测值、手算结果进行对比，并作探讨。

4.3.2 "上海地基基础规范法"计算结果的探讨

盈建科基础设计软件的"上海地基基础规范法"［案例 4.3.1］主楼中心桩计算沉降为 37.3mm，与实测推算最终沉降量 93mm 之比为 0.40，见表 4.3.2-1。

［案例 4.3.1］主楼"上海地基基础规范法"单桩沉降计算书　　　　表 4.3.2-1

Q_j	L_j	E_c	A_{ps}		
689.0	25.5	30000	0.2025		
ψ	ΔZ	α			
1.05	1.0	0.180			
压缩层 No.	压缩模量（MPa）	厚度（m）	附加应力（kPa）	土的自重应力（kPa）	压缩量（mm）
(1)	22.00	1.00	128.1	271.9	5.8240
(2)	22.00	1.00	52.9	282.1	2.4054
(3)	22.00	1.00	45.8	292.3	2.0814
(4)	22.00	1.00	42.6	302.5	1.9375
(5)	22.00	0.50	40.1	310.1	0.9112
(6)	28.30	1.00	38.9	317.1	1.3756
(7)	28.30	1.00	33.8	325.9	1.1942
(8)	28.30	1.00	33.8	334.7	1.1942
(9)	40.60	1.00	29.4	343.7	0.7248
	$E'=24.11$	$Z_n=8.50$			$\sum S=17.6483$
					$S=18.5308$

［案例 4.3.1］主楼的"上海地基基础规范法"中心桩手算沉降值为 74.6mm。（计算过程略）

盈建科基础设计软件计算的［案例 4.3.1］主楼桩基压缩层厚度（8.5m）小于手算的压缩层厚度（17.7m）。

［案例 4.3.1］裙楼"上海地基基础规范法"最大计算沉降值为 34.3mm，远小于实测沉降量，见表 4.3.2-2。

［案例 4.3.1］裙楼"上海地基基础规范法"单桩沉降计算书　　　　表 4.3.2-2

Q_j	L_j	E_c	A_{ps}		
381.3	16.0	30000	0.0314		
ψ	ΔZ	α			
1.05	0.3	0.118			
压缩层 No.	压缩模量（MPa）	厚度（m）	附加应力（kPa）	土的自重应力（kPa）	压缩量（mm）
(1)	4.61	0.30	234.2	174.8	15.2409
(2)	4.61	0.30	74.7	177.4	4.8589
(3)	4.61	0.30	34.7	180.1	2.2602
(4)	4.61	0.30	28.4	182.8	1.8503
(5)	4.61	0.30	24.8	185.4	1.6151
(6)	4.61	0.30	22.3	188.1	1.4539
(7)	4.61	0.30	21.8	190.8	1.4184
(8)	4.61	0.30	21.8	193.4	1.4184
(9)	4.61	0.30	20.4	196.1	1.3250
(10)	4.61	0.30	19.2	198.8	1.2512
	$E'=4.61$	$Z_n=3.00$			$\sum S=32.6924$
					$S=34.3270$

［案例 4.3.1］裙楼的"上海地基基础规范法"手算沉降值为 84.6mm。（计算过程略）

盈建科基础设计软件计算的［案例 4.3.1］裙楼桩基压缩层厚度（3.0m）与手算的压缩层厚度（3.2m）接近，但软件计算值远小于手算值。

计算值明显偏小的原因之一，与盈建科基础设计软件将沉降计算范围限定在 0.6 倍桩长以内，以致大量桩位于沉降计算范围以外有着密切的关系；其次可能与泊松比取值、桩侧阻力模式的选用有关，而盈建科基础设计软件并不能自行选择有关参数。

结论：盈建科基础设计软件的"上海地基基础规范法"，不适用于变刚度桩基工程的沉降计算。

4.3.3 "等效作用分层总和法"计算结果的探讨

当盈建科基础设计软件中"沉降计算参数"的"考虑相邻荷载的水平影响范围"取 100m，沉降计算经验系数按现行《建筑桩基技术规范》规定取 $1.2 \times 1.3 = 1.56$，［案例 4.3.1］主楼沉降计算值为 6.0mm，远小于实测值，也远小于手算值。且盈建科基础设计软件计算所得的桩基等效沉降系数 ψ_e 为 1.0，这显然不符合《建筑桩基技术规范》规定。由此可见，对于桩长不等的桩基盈建科基础设计软件不能自动完成承台群沉降的计算。

［案例 4.3.1］主楼"等效作用分层总和法"沉降计算书，见表 4.3.3-1。其中"沉降计算参数"的"考虑相邻荷载的水平影响范围"取 100m，沉降计算经验系数按默认取"1.0"。

［案例 4.3.1］主楼"等效作用分层总和法"沉降计算书　　　　　表 4.3.3-1

总荷载	$\sum(F+G) = 56829.7$				
筏板面积	$A = 364.2$				
基底上土自重压力	$Pc = 42.3$				
基底附加压力	$P_0 = 113.8$				
沉降经验系数	$\psi = 1.121$				
桩基等效沉降系数	$\psi_e = 0.40$				
计算土层厚度	$\Delta Z = 1.0$				
压缩层 No.	压缩模量（MPa）	土层厚度（m）	附加应力（kPa）	土的自重应力（kPa）	压缩量（mm）
(1)	11.31	1.00	23.1	271.9	2.0436
	$E' = 11.31$	$Z_n = 1.00$			$\sum S = 2.0436$
					$S = 0.9107$

［案例 4.3.1］主楼的"等效作用分层总和法"（承台群）盈建科基础设计软件计算值为 $0.9 \times 1.3 = 1.2$mm（乘以挤土效应系数），与实测推算最终沉降量为 93mm 之比为 0.01。计算结果不满足 80% 保证率的要求。可知在盈建科基础设计软件的"沉降计算参数"中"沉降计算经验系数"取"1.0"（即使按《建筑桩基技术规范》有关规定取值，恰好等于 1.0），则软件按单个承台、并考虑周边承台影响计算沉降。

［案例 4.3.1］主楼的"等效作用分层总和法"（承台群）盈建科基础设计软件计算书（系数按《建筑桩基技术规范》），见表 4.3.3-2。其中预制桩挤土效应系数取 1.3，沉降计算经验系数按《建筑桩基技术规范》取 1.121。

[案例 4.3.1]主楼"等效作用分层总和法"计算书(系数取 1.121) 表 4.3.3-2

总荷载	$\sum(F+G)=56829.7$
筏板面积	$A=364.2$
基底上土自重压力	$Pc=42.3$
基底附加压力	$P_0=113.8$
沉降经验系数	$\psi=1.457$
桩基等效沉降系数	$\psi_e=1.00$
计算土层厚度	$\Delta Z=1.0$

压缩层 No.	压缩模量(MPa)	土层厚度(m)	附加应力(kPa)	土的自重应力(kPa)	压缩量(mm)
(1)	11.31	1.00	23.1	271.9	2.0436
	$E'=11.31$	$Z_n=1.00$			$\sum S=2.0436$
					$S=2.9776$

[案例 4.3.1]裙楼"等效作用分层总和法"沉降计算书(1),见表 4.3.3-3。其中预制桩挤土效应系数取 1.3,沉降计算经验系数按《建筑桩基技术规范》取 1.2。

[案例 4.3.1]裙楼"等效作用分层总和法"沉降计算书(1) 表 4.3.3-3

沉降经验系数	$\psi=1.56$
桩基等效沉降系数	$\psi_e=1.00$
计算土层厚度	$\Delta Z=0.3$
基底附加压力	$F_0=396.0$

压缩层 No.	压缩模量(MPa)	土层厚度(m)	附加应力(kPa)	土的自重应力(kPa)	压缩量(mm)
(1)	4.61	0.30	398.7	174.8	25.9476
(2)	4.61	0.30	364.5	177.4	23.7180
(3)	4.61	0.30	297.3	180.1	19.3458
(4)	4.61	0.30	228.8	182.8	14.8870
(5)	4.61	0.30	174.8	185.4	11.3748
(6)	4.61	0.30	135.5	188.1	8.8196
(7)	4.61	0.30	108.8	190.8	7.0777
(8)	4.61	0.30	88.6	193.4	5.7650
(9)	4.61	0.30	73.9	196.1	4.8085
(10)	4.61	0.30	63.0	198.8	4.1007
(11)	4.61	0.30	54.8	201.4	3.5689
(12)	4.61	0.30	50.1	204.1	3.2571
(13)	4.61	0.30	45.2	206.8	2.9440
(14)	8.86	0.30	41.5	209.7	1.4044
	$E'=4.65$	$Z_n=4.20$			$\sum S=137.0192$
					$S=213.7500$

同上,盈建科基础设计软件的"等效作用分层总和法"[案例 4.3.1]裙楼沉降计算值为 213.8mm,见表 4.3.3-2。计算结果明显不合理。且盈建科基础设计软件计算所得的桩基等效沉降系数 ψ_e 为 1.0,这显然不符合《建筑桩基技术规范》规定。

[案例 4.3.1]裙楼"等效作用分层总和法"沉降计算书(2),见表 4.3.3-4。其中"沉降计算参数"的"考虑相邻荷载的水平影响范围"取 100m,沉降计算经验系数按默认取"1.0"。

沉降经验系数		$\psi=1.20$			
桩基等效沉降系数		$\psi_e=0.13$			
计算土层厚度		$\Delta Z=0.6$			
基底附加压力		$F_0=220.8$			

压缩层 No.	压缩模量（MPa）	土层厚度（m）	附加应力（kPa）	土的自重应力（kPa）	压缩量（mm）
(1)	4.61	0.60	219.1	168.1	28.5219
(2)	4.61	0.60	185.5	173.4	24.1382
(3)	4.61	0.60	134.3	178.8	17.4792
(4)	4.61	0.60	94.2	184.1	12.2544
(5)	4.61	0.60	67.7	189.4	8.8131
(6)	4.61	0.60	51.0	194.8	6.6341
(7)	4.61	0.60	40.3	200.1	5.2438
(8)	4.61	0.60	33.4	205.4	4.3479
	$E'=4.61$	$Z_n=4.80$			$\sum S=107.4325$ $S=16.4011$

计算值再乘以预制桩挤土效应系数 1.3（即按单个沉降计算沉降），可得 [案例 4.3.1] 裙楼沉降计算值为 21.3mm，计算结果仍远小于实测值。其原因是在这种情况下，软件按单个承台、并考虑周边承台影响计算沉降。

结论：盈建科基础设计软件的 "等效作用分层总和法"，不适用于变刚度桩基工程的沉降计算。

4.3.4 "考虑桩径影响的明德林应力公式法" 计算结果的探讨

盈建科基础设计软件的 "考虑桩径影响的明德林应力公式法" [案例 4.3.1] 主楼沉降计算值为 17.5mm，远小于实测值，见表 4.3.4-1。

[案例 4.3.1] 主楼 "考虑桩径影响的明德林应力公式法" 沉降计算书   表 4.3.4-1

ζ_e	Q_j	L_j	E_c	A_{ps}	S_e
0.50	694.8	25.5	30000	0.2025	1.4582
ψ	ΔZ	α			
1.00	1.0	0.180			

压缩层 No.	压缩模量（MPa）	厚度（m）	附加应力（kPa）	土的自重应力（kPa）	压缩量（mm）
(1)	11.31	1.00	129.2	271.9	11.4221
(2)	11.31	1.00	53.3	282.1	4.7169
	$E'=11.31$	$Z_n=2.00$			$\sum S=16.1390$ $S=17.5972$

盈建科基础设计软件的 "考虑桩径影响的明德林应力公式法" [案例 4.3.1] 裙楼沉降计算值为 25.2mm，远小于实测值。见表 4.3.4-2。

［案例4.3.1］裙楼"考虑桩径影响的明德林应力公式法"沉降计算书　　　表4.3.4-2

ζ_e	Q_j	L_j	E_c	A_{ps}	S_e	
0.50	381.3	16.0	30000	0.0314	3.2363	
ψ	ΔZ	α				
1.00	0.3	0.118				

压缩层 No.	压缩模量(MPa)	厚度(m)	附加应力(kPa)	土的自重应力(kPa)	压缩量(mm)
(1)	4.61	0.30	232.4	174.8	15.1254
(2)	4.61	0.30	72.9	177.4	4.7433
(3)	4.61	0.30	32.5	180.1	2.1167
	$E'=4.61$	$Z_n=0.90$			$\sum S=21.9854$
					$S=25.2217$

结论：盈建科基础设计软件的"考虑桩径影响的明德林应力公式法"不宜随意推广到一般桩基的沉降计算。

4.3.5　结论

由第2章的探讨可知，"不考虑桩径影响的明德林应力公式法"对于桩基沉降计算，计算结果比较合理。

但盈建科基础设计软件"上海地基基础规范法"的计算沉降明显偏小，原因应该与该软件的设定有关。本节［案例4.3.1］的主楼与裙楼计算结果，也证明了这一点。"等效作用分层总和法"不适用于变刚度桩基沉降计算，可以忽略。

盈建科基础设计软件的"考虑桩径影响的明德林应力公式法"，若推广到一般桩基础，明显偏于不安全，因此目前不宜随意应用。

4.4　上海某主裙楼连体、变刚度桩基工程的承台板内力计算探讨

［案例4.4.1］为上海嘉定区某25层办公楼，裙楼4层，1层地下室外扩至上部结构以外20m，共约4hm²。（林柏，2010）

［案例4.4.1］地基土的物理力学性质指标，见表4.4-1。

地基土的物理力学性质指标　　　表4.4-1

层序	土的名称	物理性质				压缩试验	钻孔灌注桩	
		厚度 h (m)	含水量 ω (%)	重力密度 ρ(g/cm³)	天然孔隙比 e	压缩模量 E_s(MPa)	桩周土摩擦力极限值 q_{sk}(kPa)	桩端土承载力极限值 q_{pk}(kPa)
1	杂填土	1.8	—	—	—	—	—	—
2	粉质黏土	0.8	32.5	18.2	0.92	4.6	15	—
3	淤泥质粉质黏土	8.6	38.5	17.7	1.08	3.95	15	—
4	淤泥质黏土	6.8	48.7	16.7	1.38	2.28	25	—
5-1	黏土夹砂质粉土	6.9	41.9	17.2	1.17	3.04	35	—
5-2	粉质黏土	8.6	35.3	17.9	1.0	3.99	40	—
5-3	粉质黏土夹砂质粉土	13.0	33	18.2	0.95	4.35	48	700
6-1	粉质黏土夹砂质粉土	11.3	31.8	18.3	0.92	5.76	50	1000
6-2	粉质黏土与砂质粉土互层	24.2	29.4	18.7	0.84	17.80	60	1500

[案例 4.4.1] 采用控制主楼、裙楼与外扩地下室之间的沉降差的变刚度桩基础，主楼采用直径 700mm、长 57m 钻孔灌注桩，以第 8-2 层粉质黏土与砂质粉土互层为桩端持力层；裙楼与外扩地下室采用直径 600mm、长 32m 钻孔灌注桩，以第 5-3 层黏土为桩端持力层。

[案例 4.4.1] 的主楼承台板厚度为 1.5m，埋深−6.0m；裙楼与外扩地下室的承台板厚度为 1.0m，埋深−5.5m。

[案例 4.4.1] 的桩位与基础平面图，如图 4.4-1 所示。

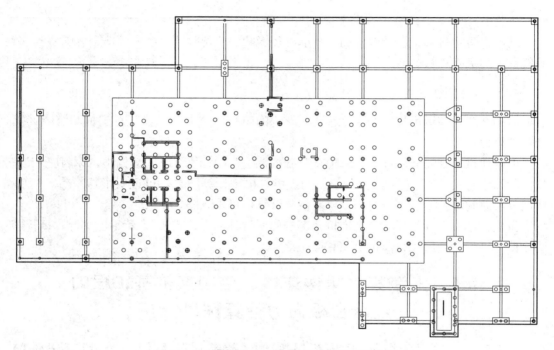

图 4.4-1　　[案例 4.4.1] 的桩位与基础平面图

4.4.1　上海某咨询公司计算结果

[案例 4.4.1] 曾委托上海某咨询公司进行承台板内力计算，计算沉降、桩顶反力与底板内力，如图 4.4-2 所示。

由图 4.4-2 可知，[案例 4.4.1] 主楼部分最大计算沉降为 90mm 左右，裙楼部分最大计算沉降为 70mm 左右，外扩地下室部分最大计算沉降为 60mm 左右。

[案例 4.4.1] 承台板板底最大计算弯矩为 2747kN/mm，承台板板面最大计算弯矩为 681kN/mm，桩顶最大计算反力为 2850kN。

4.4.2　盈建科基础设计软件"上海地基基础规范法"计算结果

[案例 4.4.2] 的盈建科基础设计软件"上海地基基础规范法"的计算书，见表 4.4.2-1。

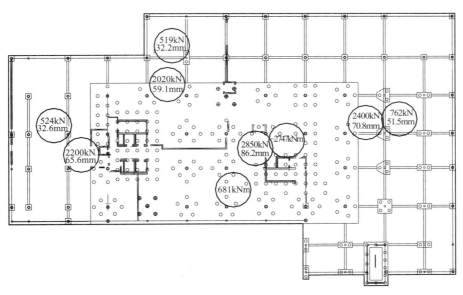

图 4.4-2 ［案例 4.4.2］的上海某咨询公司计算结果

盈建科基础设计软件"上海地基基础规范法"计算书 表 4.4.2-1

［案例 4.4.2］主楼最大计算沉降					
Q_j	L_j	E_c	A_{ps}		
2104.1	57.0	30000	0.3848		
ψ	ΔZ	α			
0.72	1.0	0.097			
压缩层 No.	压缩模量(MPa)	厚度(m)	附加应力(kPa)	土的自重应力(kPa)	压缩量(mm)
(1)	18.70	1.00	234.9	473.1	12.5623
(2)	18.70	1.00	119.0	480.9	6.3623
(3)	18.70	1.00	104.3	488.7	5.5757
(4)	18.70	1.00	99.3	496.5	5.3110
(5)	18.70	1.00	99.3	504.3	5.3110
(6)	18.70	1.00	94.9	512.1	5.0765
(7)	18.70	1.00	91.0	519.9	4.8651
(8)	18.70	1.00	87.5	527.6	4.6809
(9)	18.70	1.00	84.2	535.4	4.5023
(10)	18.70	1.00	81.1	543.2	4.3379
(11)	18.70	1.00	78.2	551.0	4.1798
(12)	18.70	1.00	65.5	558.8	3.5031
(13)	18.70	1.00	65.5	566.6	3.5048
(14)	18.70	1.00	65.6	574.4	3.5068
(15)	18.70	1.00	65.6	582.2	3.5089
(16)	18.70	1.00	65.6	590.0	3.5106
(17)	18.70	1.00	65.6	597.8	3.5106
(18)	18.70	1.00	55.7	605.6	2.9785
	$E'=18.70$	$Z_n=18.00$			$\sum S=86.7881$
					$S=62.4874$

[案例 4.4.2] 裙楼最大计算沉降

Q_j	L_j	E_c	A_{ps}		
1016.8	32.0	30000	0.2827		
ψ	ΔZ	α			
0.97	1.0	0.085			
压缩层 No.	压缩模量(MPa)	厚度(m)	附加应力(kPa)	土的自重应力(kPa)	压缩量(mm)
(1)	4.35	1.00	89.1	265.5	20.4871
(2)	4.35	1.00	31.8	273.9	7.3030
(3)	4.35	1.00	29.8	282.3	6.8513
(4)	4.35	1.00	25.5	290.7	5.8597
	$E'=4.35$	$Z_n=4.00$			$\sum S=40.5010$
					$S=39.4885$

[案例 4.4.2] 纯地下室最大计算沉降

Q_j	L_j	E_c	A_{ps}		
1567.4	32.0	30000	0.2827		
ψ	ΔZ	α			
0.97	1.0	0.085			
压缩层 No.	压缩模量(MPa)	厚度(m)	附加应力(kPa)	土的自重应力(kPa)	压缩量(mm)
(1)	4.35	1.00	112.9	265.5	25.9499
(2)	4.35	1.00	23.2	273.9	5.3379
	$E'=4.35$	$Z_n=2.00$			$\sum S=31.2878$
					$S=30.5056$

[案例 4.4.2] 的盈建科基础设计软件"上海地基基础规范法"主楼沉降计算值,与"上海某咨询公司计算结果"之比,主楼为 0.73,裙楼为 0.77,纯地下室为 0.94。

由此"上海地基基础规范法"计算沉降值计算承台板弯矩,显然计算值将小于"上海某咨询公司计算结果"。

4.4.3 盈建科基础设计软件"考虑桩径影响的明德林应力公式法"计算结果

[案例 4.4.3] 的盈建科基础设计软件"考虑桩径影响的明德林应力公式法"的计算书,见表 4.4.3-1。

盈建科基础设计软件"考虑桩径影响的明德林应力公式法"计算书　表 4.4.3-1

[案例 4.4.3] 主楼最大计算沉降

ξ_e	Q_j	L_j	E_c	A_{ps}	S_e
0.50	1209.9	57.0	30000	0.3848	2.9867
ψ	ΔZ	α			
1.00	1.0	0.097			
压缩层 No.	压缩模量(MPa)	厚度(m)	附加应力(kPa)	土的自重应力(kPa)	压缩量(mm)
(1)	18.70	1.00	176.1	473.1	9.4154
(2)	18.70	1.00	112.2	480.9	5.9981
(3)	18.70	1.00	104.9	488.7	5.6072
(4)	18.70	1.00	101.2	496.5	5.4098
(5)	18.70	1.00	101.2	504.3	5.4098
(6)	18.70	1.00	97.4	512.1	5.2067
	$E'=18.70$	$Z_n=6.00$			$\sum S=37.0469$
					$S=40.0336$

续表

[案例4.4.3]裙楼最大计算沉降

ξ_e	Q_j	L_j	E_c	A_{ps}	S_e
0.50	1044.5	32.0	30000	0.2827	1.9703
ψ	ΔZ	α			
1.00	1.0	0.085			

压缩层 No.	压缩模量（MPa）	厚度（m）	附加应力（kPa）	土的自重应力（kPa）	压缩量（mm）
（1）	4.35	1.00	85.4	265.5	19.6256
（2）	4.35	1.00	26.5	273.9	6.0826
	$E'=4.35$	$Z_n=2.00$			$\sum S=25.7082$
					$S=27.6784$

[案例4.4.3]纯地下室最大计算沉降

ξ_e	Q_j	L_j	E_c	A_{ps}	S_e
0.50	1055.0	32.0	30000	0.2827	1.9901
ψ	ΔZ	α			
1.00	1.0	0.085			

压缩层 No.	压缩模量（MPa）	厚度（m）	附加应力（kPa）	土的自重应力（kPa）	压缩量（mm）
（1）	4.35	1.00	74.0	265.5	17.0201
（2）	4.35	1.00	13.7	273.9	3.1515
	$E'=4.35$	$Z_n=2.00$			$\sum S=20.1716$
					$S=22.1617$

　　[案例4.4.3]的盈建科基础设计软件"考虑桩径影响的明德林应力公式法"主楼沉降、计算值，与"上海某咨询公司计算结果"之比，主楼为0.46，裙楼为0.54，纯地下室为0.68。

　　由此"上海地基基础规范法"计算沉降值计算承台板弯矩，显然计算值将小于"上海某咨询公司计算结果"。

4.4.4　探讨

　　盈建科基础设计软件的两种方法计算值均明显偏小的原因之一，与盈建科基础设计软件计算桩基沉降方法的设定密切相关。盈建科软件基础设计软件的技术说明明确地指出：对于桩筏基础，按明德林应力解的方法，可计算每个桩顶位置的沉降。然而事实上明德林应力公式的表达式并非像表面看上去那样是纯理论公式，其实质也就是一种计算桩基沉降的经验拟合方法。

　　上海《地基基础设计规范》DGJ—11—2010根据上海地区95幢建筑的长期沉降观测统计结果，作了经验性规定：

　　（1）统计时是将各幢建筑物中心点计算沉降值或最大计算沉降值，与实测各点的平均沉降值进行比较。因此明德林应力公式法计算得到的最大沉降值，不是代表建筑物在某处实际发生的最大沉降值，而是估算的建筑物最终平均沉降值。

　　（2）桩群中各单桩沉降计算荷载是单桩的平均附加荷载，不考虑由于上部结构刚度和变形所引起的附加荷载重分布。桩的端阻力假定为桩端的集中力，桩的侧阻力假设为沿桩身线性增长分布。

由上述经验性规定，可知明德林应力公式法的计算方法与上海地区 95 幢建筑的统计分析方法，采用了大量假设。因此根据这种计算方法仅能估算建筑物最终平均沉降量的规定，可知明德林应力公式法不能计算建筑物下各点的实际沉降量。

由于盈建科基础设计软件将明德林应力公式法沉降计算范围限定在 0.6 倍桩长以内，以致大量桩位于沉降计算范围以外，于是软件给出的桩基沉降计算值，就必然不是出自同一计算点，由此得出的沉降计算值（按上部荷载），必然与真正的明德林应力公式法计算值（按单桩平均附加荷载）有着较大的差别。

［案例 4.3.1］的手算沉降计算点，就是分别对主楼与裙楼的中心桩进行的。

而考虑桩径影响的明德林应力公式法应用于常规桩基沉降计算，缺少大量工程实践的支持，显然是不合适的。

现行《建筑桩基技术规范》表 11 给出单桩沉降计算值与实测值的对比，系针对静载荷试桩实测沉降值与计算值的对比。而由本书第 1 章的探讨可知，静载荷试桩实测沉降值属于短期沉降，与长期静载荷试桩实测沉降值有着较大的差别。因此不足为凭。

4.5 小   结

由本书第 1、2、3、6 章依据工程实测沉降数据的探讨可知，计算主裙楼连体桩基沉降所需要的常规桩基、复合桩基与小桩群、复合疏桩基础的沉降计算方法中，只有常规桩基沉降计算方法较为成熟。

复合桩基与小桩群、复合疏桩基础的沉降计算方法本来就缺少合适的经验系数，而盈建科基础设计软件提供计算方法的设定，又与《建筑桩基技术规范》提供的方法有较大区别，因此得出偏于不安全的沉降计算值，也就在所难免了。

主裙楼连体桩基的沉降计算中，裙楼与纯地下室是最大的难点，尚需大量长期实测沉降的支持与计算方法的突破。

如现代《建筑桩基技术规范》所示北京某主裙楼连体桩基工程案例，按"共同作用分析程序"计算所得沉降等值线，如图 4.5.1 所示。（王涛，2010.4）

由图 4.5.1 可知，计算最大沉降量为 40mm，最大差异沉降为 10mm。

北京某主裙楼连体桩基工程主楼封顶时实测沉降等值线，如图 4.5.2 所示。（王涛，2010.4）

封顶时主楼实测最大沉降值与计算值较接近（37.3/40＝0.93），外围框架柱实测最小沉降值远小于共同作用分析程序计算值（13.2/32＝0.41）。

又如［案例 2.3.2.9］（上海黄浦区某 30 层大楼），由"上海地基基础规范法"计算厚筏承台板部分点的沉降值，如图 4.5.3 所示。（蒋利学，2002.5）

［案例 2.3.2.9］主楼外围柱与 3 层裙房之间的最大沉降差为 6.3mm；主楼核心筒与外围柱之间的最大沉降差为 8.9mm；计算最大沉降量为 51.7mm，最大差异沉降为 13.9mm。

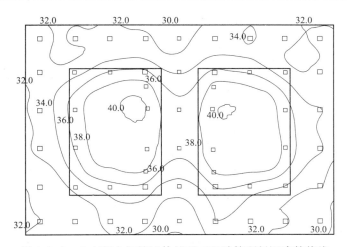

图 4.5.1 北京某主裙楼连体桩基工程计算所得沉降等值线

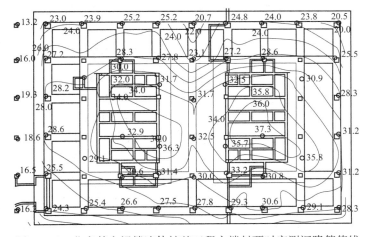

图 4.5.2 北京某主裙楼连体桩基工程主楼封顶时实测沉降等值线

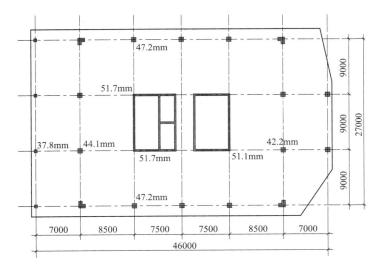

图 4.5.3 ［案例 2.3.2.9］厚筏承台板部分点的计算沉降变形值

101

［案例 2.3.2.9］的 6.6 年厚筏承台板部分点实测沉降值，如图 4.5.4 所示。

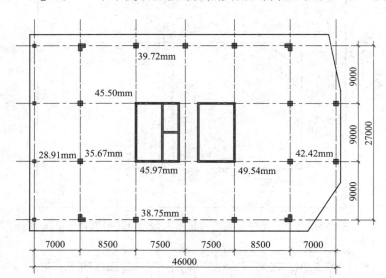

图 4.5.4　［案例 2.3.2.9］厚筏承台板部分点的实测沉降值

由图 4.5.4 可知，［案例 2.3.2.9］主楼实测最大沉降值与计算值符合得相当好（45.97/51.7＝0.89），裙楼实测沉降值小于计算值（28.91/37.8＝0.77）。

由《建筑桩基技术规范》所示某主裙楼连体桩基与［案例 2.3.2.9］的计算沉降与实测值的对比可知，计算误差较大的部位是裙楼或外围框架柱下桩基。这与本章探讨的结果相近。

至于上海工程案例的计算误差较北京工程案例小，首先由于仅有二例样本，缺少统计学上的意义。其次也由于上海地区通过数十年持续不断的沉降监测，获得保证率较高的桩基沉降计算经验系数，因此桩基沉降计算值与实测值符合程度较高也就是顺理成章的事了。

总之，由目前版本盈建科基础设计软件计算所得桩基沉降值，均偏于不安全；由此沉降计算值计算所得的承台板内力也偏小。

尤其是裙楼与纯地下室桩基沉降的计算，需要特别注意，因为这牵涉到裙楼、纯地下室与主楼间的沉降差，以及底板内力的计算。裙楼、纯地下室与主楼间的底板内力监测尚属薄弱点，不能因为主楼厚筏承台板实测内力远小于计算值，就贸然断定主楼以外承台板实测内力也远小于计算值。

5. 盈建科基础设计软件计算
复合地基的疑难与探讨

5.1 引　言

大量建筑物复合地基的工程实践，尤其是高速公路与高铁路堤复合地基的实践与原位监测，证明了复合地基有着广阔前景。

工程实践中软土地区桩基础的承台板下常设置碎石垫层，实际上只要将此碎石垫层改换成褥垫层，桩顶不嵌入承台板，那就成为刚性桩复合地基了。因此可以说桩基础与刚性桩复合地基其实只有一线之隔，但后者的桩间土荷载分担概念，就更容易为各方所接受。

但是地基处理规范滞后于桩基规范，更远远落后于工程实践。因为有关地基处理规范没有提供工程实例，因此设计者、审核者都感觉缺乏依据。

本章试图提供一些更让人所能检索到的建筑物、构筑物与路堤复合地基的有关数据，供设计人员参考。

对于盈建科基础设计软件而言，复合地基与复合桩基的区别仅仅为，由于褥垫层的存在，桩顶刺入褥垫层，因此复合地基的桩间土分担比例一般来说要高于同等条件下的复合桩基。因此，由盈建科基础设计软件计算刚性桩复合地基，完全可以参照复合桩基的方法。而最大的难点在于桩土荷载分担比例的确定。

桩土分担问题在复合地基的计算中是必要条件。因为若选择的桩间土分担比例过低，则计算所得的桩顶荷载将很可能远大于水泥粉煤灰碎石桩、石灰桩、水泥土搅拌桩等桩身强度；桩间土分担比例取值过高，又缺乏工程实践的支持，可能导致基础工程的安全度降低。

复合地基由于存在着桩型的多样性、刚柔性桩的混合使用、褥垫层厚度变化等因素，都对桩土荷载分担产生极大影响，因此实际上不太可能有一个统一的桩土荷载分担计算方法。

与桩基础、复合桩基一样，复合地基的承台板内力计算也与沉降计算值有着较大的关系。关于复合地基的沉降计算，一般采用"复合模量法"与"明德林应力公式法"两种方法，前者适用于柔性桩复合地基，后者适用于刚性桩复合地基。

本章第2节通过威海1例主裙连体复合地基工程的实测沉降，探讨了这类工程采用变刚度桩基设计的必要性。

本章第3节提供全国近20个省市的建筑物与路堤的复合地基实测沉降、原位实测桩土分担、复合地基原位实测与静载荷试验数据的对比等数据，可供设计人员参考。

本章第4节依据有着较可靠沉降观测资料的工程实例，对柔性桩复合地基、刚性桩复合地基、刚—柔性桩复合地基的沉降计算，进行初步探讨。

5.2　主裙连体复合地基工程实测沉降资料

威海海悦大厦，主楼 30 层，裙楼 4 层，地下 2 层。采用 19～22m 长刚性桩复合地基。主楼部分基础底板厚 1.6m，核心筒部分基础底板厚 2.2m；裙楼部分基础底板厚 0.5m（梁板式）。筏板下天然地基承载力特征值 270kPa，桩间土承载力折减系数取 0.95。（张雁，2009.11）

实测沉降最大值 23.7mm，最小值 1.5mm，最大沉降差 22.2mm，如图 5.2.1 所示。

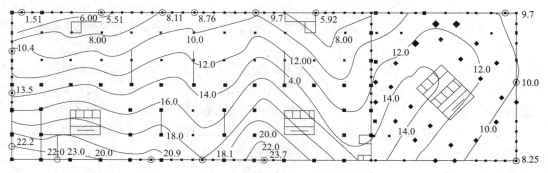

图 5.2.1　威海海悦大厦实测沉降图

由此可见，不考虑沉降差的底板计算内力是偏于不安全的。

此外，该工程的复合地基桩间土承载力折减系数取 0.95，相当于桩间土承载力取 252 kPa。这一结论实际上并未得到大量工程实例原位实测的证明，因此在复合地基中桩身强度复核的结果是否合理，值得探讨。

5.3　复合地基工程的原位实测资料

采用盈建科基础设计软件计算复合地基承台板所得内力的合理与否，在相当程度上取决于桩土荷载分担取值与沉降计算结果的准确与合理程度。

由于褥垫层的存在，复合地基的桩土荷载分担问题，比复合桩基还要复杂，难以参照现行《建筑桩基技术规范》JGJ 94 的承台效应系数。有关地基处理规范只提供复合地基的桩间土发挥系数建议值。

本节提供部分建筑物、储罐与路堤复合地基的桩土荷载分担原位实测数据，可供参考。

5.3.1　刚性桩复合地基原位实测桩土分担数据简介

由盈建科用户手册关于复合地基计算的规定，刚性桩复合地基是按复合桩基计算的。因此若解决了沉降计算问题，最大的疑难还是确定刚性桩复合地基的桩土分担比例，也就是桩间土的反力基床系数取值。

关于这一点，有关规范的规定比较笼统。如《建筑地基处理技术规范》JGJ 79—2012

关于水泥粉煤灰碎石桩复合地基的桩间土发挥系数，建议值为 0.9～1.0；《复合地基技术规范》GB/T 50783—2012 关于刚性桩复合地基的桩间土发挥系数，建议值为 0.65～0.90。对刚度比水泥粉煤灰碎石桩大得多的预应力管桩、钻孔灌注桩、现浇薄壁筒桩等复合地基的桩间土发挥系数，未见任何提示。

但由本节提供的实测数据可知，刚性桩复合地基的桩间土实测值远小于建议值。由此可见桩间土发挥系数并不等于桩间土实际反力，还是应该参考工程的桩土荷载分担实测数据。

共检索到 10 个省市 19 项建筑物刚性桩复合地基的原位实测桩土荷载分担资料，见表 5.3.1-1。

建筑物复合地基原位实测桩土分担数据   表 5.3.1-1

序号	工程名称	桩型	褥垫层厚度（mm）	承台底基土	承台底土承载力标准值（kPa）	实测沉降值（mm）	实测桩间土压力（kPa）	桩间土分担比例（%）	桩土应力比	文献作者名
1	天津 6 层	沉管灌注桩	200	粉质黏土	110	20	17.5	20	—	郑刚，2001.3
2	福州 7 层 A	沉管灌注桩	300	杂填土或黏土	100	150	8.0	6.7	34.9	张雁，1994.3
3	福州 7 层 B	沉管灌注桩	900	杂填土或黏土	100	90（测量间断）	25.0	20.8	10.0	
4	福州 8 层 A	沉管灌注桩	600	黏土	80	122	51.0	32.3	—	陈义侃，1996.7
5	福州 8 层 B	沉管灌注桩	600	黏土	80	140	49.5	31.4	—	
6	厦门 5～6 层厂房	CFG 桩	150～300	吹填砂土	80	～19	139～166	71.8～86.5	1.74～4.83	付永乐，2011.3
7	广州 11 层 A	CFG 桩	200	黏土	—	12.	93.0	53.5	12.1	李希平，2009.9
8	广州 11 层 B	素混凝土桩	200	黏土	—	<10	165.0	51.7	6.0	
9	广州 15 层	CFG 桩	200	粉质黏土	—	8	96.0	59.5	7.6	
10	东莞 20 层	CFG 桩	150	粉质黏土	—	<10	54.5	16.9	52	
11	东莞 26 层	预应力管桩	200	粉质黏土	—	<10	93	54	12.1	
12	郑州 8 层	CFG 桩	200	粉土	120	2.7	19.7	20.5		陈先志，2009.12
13	成都 32 层	素混凝土组合桩	—	黏土	—	55	100	—	12.5（大直径桩/土）3.5（小直径桩/土）	章学良，2012.5
14	成都 45 层	素混凝土人工挖孔桩	—	中密卵石	550	—	102（建至 18 层数据）	—	6.8（建至 18 层数据）	王志祥，2010.6

序号	工程名称	桩型	褥垫层厚度(mm)	承台底基土	承台底土承载力标准值(kPa)	实测沉降值(mm)	实测桩间土压力(kPa)	桩间土分担比例(%)	桩土应力比	文献作者名
15	成都33层	素混凝土人工挖孔桩	300	中密-密实卵石	—	—	103	17.7	8～13	刘洪波,2014.5
16	南充16层	夯扩载体CFG桩	300	粉土	120	(未竣工)	70	45	16	任鹏,2008.1
17	南充20层	夯扩载体CFG桩	200	粉土	110		84		12	陈春霞,2007.12
18	蚌埠27层	CFG桩	300	粉质黏土	—	(未竣工)	59	30	26	李海钧,2013.10
19	南京18层	素混凝土桩	150	粉质黏土	230	(未竣工)	61	—	19	陶景晖,2009.11

高速公路、高速铁路与储罐的复合地基桩土分担原位实测资料远多于建筑物。而且这类复合地基的基础，其实就是绝对柔性的基础；上部荷重也相当于3～20层住宅，因此也可为刚性桩复合地基的设计提供参考。尤其是其中采用筏板的复合地基，就更接近建筑物复合地基的状况，因此可能具有更大的参考价值。

5个省市的7例储罐刚性桩复合地基桩土分担实测数据，见表5.3.1-2。

储罐复合地基原位实测桩土分担数据 表 5.3.1-2

序号	工程名称	桩型	上部荷载(kPa)	褥垫层厚度(mm)	承台底基土	承台底土承载力标准值(kPa)	实测沉降值(mm)	实测桩间土压力(kPa)	桩间土分担比例(%)	桩土应力比	文献作者名
1	广东珠海储罐A	冲孔灌注桩桩网	220	2000	素填土	300	50	116.7	64	—	詹金林,2011.8
2	广东珠海储罐B	冲孔灌注桩桩网	220	2000	素填土	300	50	140.7	70		
3	天津储罐A	CFG桩桩筏	230	250	粉质黏土	69	—	45.7	18.6	45.7	孙训海2010.6
4	天津储罐B	CFG桩桩筏	126	250	粉质黏土	69	—	71.4	50.4	8.0	
5	辽宁营口储罐	沉管灌注桩	220	220	中砂	140	60	15.65	7.1	2.3	曹军,2011.1
6	山东东营储罐	CFG桩	207.4	2400	粉土	—	174	83	40	22.6	李书华,2008.8
7	南京储罐	预应力管桩	175	700	粉质黏土	70	23	92.8	—	3.1	高学鸿,2005.4

16个省市的路堤刚性桩复合地基，120例工程实例桩土分担实测数据，见表5.3.1-3。

路堤复合地基原位实测桩土分担数据　　　　表 5.3.1-3

序号	工程名称	桩型	路堤底荷重（kPa）	路堤底地基土	路堤底土承载力标准值（kPa）	实测沉降值（mm）	实测桩间土压力（kPa）	桩间土分担比例（%）	桩土应力比	文献作者名
1	河南路堤	预应力管桩	114	黏土	—	100	—	—	14.5	翁效林，2009.6
2	陕西路堤	CFG 桩	95	黄土	—	50	34	—	2～3	鞠兴华，2010.6
3	湖南路堤 A	CFG 桩	73	淤泥质黏土	40	23	132	88.7	1.98	林昆，2010.6
4	湖南路堤 B	CFG 桩	89	淤泥质黏土	40	—	47	59.6	2.77	
5	湖南路堤 C	CFG 桩	92	淤泥质黏土	40	60	53	64.0	10.88	
6	湖南路堤 D	CFG 桩	92	淤泥质黏土	40	65	69.5	63.3	4.04	
7	湖南路堤 E	CFG 桩	92	淤泥质黏土	40	60	165	91.7	2.79	
8	湖南路堤 F	CFG 桩	92	淤泥质黏土	40	70	69.6	69.8	4.53	
9	湖南路堤 G	CFG 桩	92	淤泥质黏土	40	80	86.4	78.9	12.0	
10	安徽路堤 A	CFG 桩桩网	128	黏土	150	25	50	31.6	6.0	张继文，2011.1
11	安徽路堤 B	CFG 桩桩网	91	黏土	150	19	50	43.2	3.5	
12	安徽路堤 C	CFG 桩桩网	86	黏土	150	16	60	47.0	3.5	
13	安徽路堤 D	CFG 桩筏	91	黏土	150	5	35.5	44.9	35.5	
14	甘肃路堤 A	CFG 桩	180	粉质黏土	100	10.1	40	20.0	48	赖天文，2012.6
15	甘肃路堤 B	CFG 桩	180	粉质黏土	100	10.7	38	19.0	51	
16	甘肃路堤 C	CFG 桩	180	粉质黏土	100	3.7	41	21.0	45	
17	江西路堤	CFG 桩	127	粉质黏土	—	—	64	50.0	1.85	张鸿，2011.9
18	湖北路堤 A	CFG 桩	135	黏土	200	6.5	90	—	3.0	杨果林，2010.1
19	湖北路堤 B	CFG 桩	89	粉质黏土	—	13	75.6	—	4.4～6.2	石海洋，2008.5
20	湖北路堤 C	CFG 桩	118	粉质黏土	—	13	96.4	—	3.6～5.2	
21	湖北路堤 D	CFG 桩	118	粉质黏土	—	—	117.5	—	4.4～6.2	
22	山东路堤 A	CFG 桩桩筏	227	黏土	100	36	—	21.0	66.3	蒋宗全，2010.9
23	山东路堤 B	预应力管桩桩筏	152	粉土	—	6.6	10	—	122	秦洪雨，2010.7
24	山东路堤 C	CFG 桩桩网	152	粉土	—	6.6	10	—	50	
25	山东路堤 D	预应力管桩桩筏	135	粉土	—	9	60	—	47.6	张志建，2014.4
26	山东路堤 E	CFG 桩桩网	135	粉土	—	9	25～80	—	10.7	
27	山东路堤 F	预应力管桩桩筏	135	粉土	—	—	59～72	—	—	
28	山东路堤 G	CFG 桩桩网	135	粉土	—	—	70～86	—	—	
29	山东路堤 H	CFG 桩桩网	63	粉土	—	—	26～30	—	—	
30	山东路堤 I	CFG 桩桩网	68	粉土	—	43	20	—	8	

续表

序号	工程名称	桩型	路堤底荷重 (kPa)	路堤底地基土	路堤底土承载力标准值 (kPa)	实测沉降值 (mm)	实测桩间土压力 (kPa)	桩间土分担比例 (％)	桩土应力比	文献作者名
31	广东路堤 A	预应力管桩＋排水板	76	淤泥	—	107	31.5～33	—	4.8～5.3	周进军，2007.3
32	广东路堤 B	预应力管桩桩网	87	粉质黏土	—	240	11	—	16.3	于进江，2012.12
33	广东路堤 C	预应力管桩桩网	49	粉质黏土	—	125	10	20.0	—	
34	广东路堤 D	预应力管桩桩网	101	粉质黏土	—	125	15	16.0	—	
35	广东路堤 E	素混凝土桩桩网	65	淤泥质土	60	63	31.9	—	7.78	叶卓棋，2010.8
36	广东路堤 F	素混凝土桩桩网	96	淤泥质土	60	118	47.8	—	9.03	
37	广东路堤 G	素混凝土桩桩网	40	淤泥质土	60	34	27.8	—	4.25	
38	广东路堤 H	素混凝土桩桩网	90	淤泥质土	60	120	51.8	—	9.81	
39	广东路堤 I	预应力管桩桩网	76	淤泥	—	113	10.06	—	16.63	连峰，2008.5
40	广东路堤 J	预应力管桩桩网	76	淤泥	—	113	11.91	—	14.05	
41	广东路堤 K	预应力管桩桩网	80	粉质黏土	—	100	40	—	22	陈小庭，2006.5
42	广东路堤 L	预应力管桩桩网	80	粉质黏土	—	145	70	—	15	
43	广东路堤 M	预应力管桩桩网	80	粉质黏土	—	—	50	—	53	
44	广东路堤 N	预应力管桩桩网	80	粉质黏土	—	—	60	—	35	
45	四川路堤 A	CFG 桩桩网	—	软土	—	160	120	—	2.9	陈宏，2008.3
46	四川路堤 B	CFG 桩桩网	—	软土	—	187	200	—	4.0	
47	四川路堤 C	钻孔灌注桩桩网	290	—	—	<10	95	—	2.33	肖宏，2007.5
48	四川路堤 D	钻孔灌注桩桩网	57	—	—	<10	40	—	2.3	
49	四川路堤 E	CFG 桩桩网	124	软土	—	332	125	—	0.32～1.49	黄晶，2008.9
50	北京路堤	CFG 桩桩网	130	粉土	180	8.9	18.6	—	13	刘新福，2012.7
51	天津路堤 A	CFG 桩桩筏（有褥垫层）	180	粉质黏土	—	56.3	14	10.0	—	崔维孝，2009.4
52	天津路堤 B	CFG 桩桩筏（无褥垫层）	200	粉质黏土	—	80.6	14	10.0	—	
53	天津路堤 C	预应力管桩桩筏（无褥垫层）	200	粉质黏土	—	46.3	5	3.3	—	
54	天津路堤 D	CFG 桩桩筏	200	淤泥质粉质黏土	—	67	10～18	41.0～58.0	12～25	程万慧，2012.6
55	天津路堤 E	预应力管桩桩筏	200	淤泥质粉质黏土	—	36	6～11.8	22.0～44.0	6～11.8	
56	天津路堤 F	CFG 桩桩网	227	黏土	130	54.4	—	38.7	5.16	肖启航，2021.12
57	天津路堤 G	CFG 桩桩筏	227	黏土	130	44.5	—	26.6	66.3	
58	天津路堤 H	CFG 桩桩筏	227	黏土	130	42.3	—	16.3	107.4	
59	天津路堤 I	CFG 桩桩筏	227	黏土	130	45.5	—	19.0	102	

续表

序号	工程名称	桩型	路堤底荷重（kPa）	路堤底地基土	路堤底土承载力标准值（kPa）	实测沉降值（mm）	实测桩间土压力（kPa）	桩间土分担比例（%）	桩土应力比	文献作者名
60	天津路堤 J	现浇薄壁筒桩桩网	133	粉质黏土	—	—	51	—	14	甄曦，2006.4
61	廊坊路堤 A	载体桩桩筏（无桩帽）	120	黏土	110	95	2～53	39.7	40.3	张淑媛，2012.5
62	廊坊路堤 B	载体桩桩筏（有桩帽）	120	黏土	110	95	4～39	19.4	17.1	
63	廊坊路堤 C	CFG 桩桩筏	120	黏土	110	48	36～54	47.4	21.4	
64	唐山路堤	CFG 桩桩网	133	粉土	—	22	60	—	～1.0	赖耿锋，2012.6
65	上海路堤 A	预应力管桩桩网	47	砂质粉土	—	30	20	—	1～12	高成雷，2009.2
66	上海路堤 B	现浇薄壁筒桩桩网	104	粉质黏土	—	104	31～58	30.0～60.0	9.8～18.3	费康，2009.4
67	上海路堤 C	现浇薄壁筒桩桩网	61	粉质黏土	—	100	—	—	15.1	费康，2004.9
68	上海路堤 D	现浇薄壁筒桩桩网	61	粉质黏土	—	110	—	—	19.8	
69	上海路堤 E	现浇薄壁筒桩桩网	67	粉质黏土	—	110	—	—	16.1	
70	上海路堤 F	现浇薄壁筒桩桩网	76	粉质黏土	—	120	—	—	18.9	
71	上海路堤 G	现浇薄壁筒桩桩网	76	粉质黏土	—	110	—	—	15.4	
72	上海路堤 H	现浇薄壁筒桩桩网	86	粉质黏土	—	120	—	—	20.1	
73	上海路堤 I	现浇薄壁筒桩桩网	87	粉质黏土	—	130	—	—	17.3	
74	上海路堤 J	预制微型方桩	68	粉质黏土	—	371、400	37.4	—	—	贺翀，2008.6
75	镇江路堤 A	CFG 桩桩网	152	粉质黏土	180	15.2	81.7	—	5.5	张国发，2011.6
76	镇江路堤 B	CFG 桩桩筏	121.2	粉质黏土	120	42	42	48.7	23	郭坚鸽，2014.1
77	镇江路堤 C	CFG 桩桩筏	77.8	粉质黏土	120	34.3	39	58.5	24	
78	镇江路堤 D	CFG 桩桩网	86	粉质黏土	—	250	50	—	2.4～8.7	张栋樑，2007.11
79	沪宁间路堤 A	CFG 桩桩筏	114	粉质黏土	—	—	40	50.0	—	陈宏伟，2014.11
80	沪宁间路堤 B	CFG 桩桩网	76	粉质黏土	—	—	48	67.0	—	
81	沪宁间路堤 C	CFG 桩桩网	76	粉质黏土	—	—	50	67.0	—	
82	江苏路堤 A	CFG 桩桩网	90	粉质黏土	—	391	—	—	12～17.5	杨永平，2007.2
83	江苏路堤 B	CFG 桩桩网	77	粉质黏土	—	222	—	—	6.5～8.2	
84	灌南路堤	预应力管桩桩网	105	粉质黏土	—	270	15	—	—	吉同元，2006.2
85	大丰路堤 A	现浇混凝土薄壁筒桩	105	粉质黏土	—	324	—	36.0	14.4	费康，2004.9
86	大丰路堤 B	现浇混凝土薄壁筒桩	105	粉质黏土	—	324	44.7	32.0	16.2	
87	大丰路堤 C	现浇混凝土薄壁筒桩	105	粉质黏土	—	364	—	40.0	15.6	
88	大丰路堤 D	现浇混凝土薄壁筒桩	105	粉质黏土	—	331	—	47.0	14.0	
89	大丰路堤 E	现浇混凝土薄壁筒桩	105	粉质黏土	—	231	—	42.0	17.0	
90	大丰路堤 F	现浇混凝土薄壁筒桩	105	粉质黏土	—	231	—	40.0	27.7	

序号	工程名称	桩型	路堤底荷重 (kPa)	路堤底地基土	路堤底土承载力标准值 (kPa)	实测沉降值 (mm)	实测桩间土压力 (kPa)	桩间土分担比例 (%)	桩土应力比	文献作者名
91	淮安路堤 A	CFG 桩桩网	68	粉质黏土	—	147	20	—	10.0	唐彤芝，2007.4
92	淮安路堤 B	CFG 桩桩网	68	粉质黏土	—	147	30	—	20.0	
93	余杭路堤 A	低强度桩桩网	38	粉质黏土	—	240	30	65～78	—	曾开华，2003.9
94	余杭路堤 B	低强度桩桩网	48	粉质黏土	—	218	—	65～78	—	刘红岩，2005.3
95	长兴路堤 A	现浇混凝土薄壁筒桩（有盖板）	86	黏土	90	97	116	19.9	4.0	应齐明，2006.2
96	长兴路堤 B	现浇混凝土薄壁筒桩（无盖板）桩网	86	黏土	90	166	216	35	1.85	
97	杭州路堤 A	现浇混凝土薄壁筒桩桩网	86	粉质黏土	129	450	50	—	—	卢建平，2008.6
98	杭州路堤 B	素混凝土桩桩网	29	粉质黏土	—	120	2.6～6.2	—	—	朱世哲，2004.1
99	杭州路堤 C	素混凝土桩桩网	25	粉质黏土	—	90	14～17	—	—	
100	宁波路堤	预应力管桩桩网	70	粉质黏土	90	125	25	—	17	韩雪峰，2005.1
101	浙北路堤	Y 形沉管灌注桩桩网	52	粉质黏土	110	75	7	—	7.5	罗代明，2007.5
102	温州路堤	预应力管桩桩网	145	淤泥	—	122	10	—	12～30	罗娟，2008.6
103	黄岩路堤 A	现浇混凝土薄壁筒桩（有盖板）桩网	70	黏土	100	98	26	—	19	程文瑜，2010.3
104	黄岩路堤 B	现浇混凝土薄壁筒桩（无盖板）桩网	86	黏土	100	175	67	—	10	
105	路桥路堤	低强度混凝土桩桩网	38	黏土	—	95	22	56.0	5～12.3	李海芳，2004.3
106	临海路堤 A	预应力管桩桩网	132	粉质黏土	100	70	22.9	22.0	10.07	徐立新，2007.1
107	临海路堤 B	预应力管桩桩网	132	粉质黏土	100	82	47.7	34.3	5.48	
108	临海路堤 C	预应力管桩桩网	132	粉质黏土	100	44	34.5	23.0	6.74	
109	浙江路堤 A	预应力管桩桩网	88	粉质黏土	—	99	15～32	—	18.7～8.8	徐正中，2009.11
110	浙江路堤 B	预应力管桩桩网	88	粉质黏土	—	123	29～42	—	10.0～6.9	
111	浙江路堤 C	Y 形沉管灌注桩桩网	76.4	粉质黏土	—	88	19.2	—	10.4	
112	浙江路堤 D	Y 形沉管灌注桩桩网	73.3	粉质黏土	—	120.5	23.5	—	11.0	
113	浙江路堤 E	Y 形沉管灌注桩桩网	108	粉质黏土	—	174.3	21.3	—	13.8	
114	浙江路堤 F	Y 形沉管灌注桩桩网	107	粉质黏土	—	182.5	31.6	—	12.2	
115	浙江路堤 G	Y 形沉管灌注桩桩网	99.5	粉质黏土	—	116	21.6	—	12.3	
116	浙江路堤 H	预应力管桩桩网	68	粉质黏土	—	245	133	60	6.8	吴跃东，2007.3
117	浙江路堤 I	Y 形沉管灌注桩桩网	100	粉质黏土	—	225	133	90	4.3	

续表

序号	工程名称	桩型	路堤底荷重（kPa）	路堤底地基土	路堤底土承载力标准值（kPa）	实测沉降值（mm）	实测桩间土压力（kPa）	桩间土分担比例（%）	桩土应力比	文献作者名
118	广西路堤 A	CFG 桩桩网	242	膨胀土	—	120	60	—	5.0	刘锐，2012.3
119	广西路堤 B	CFG 桩桩网	226	膨胀土	—	140	70	—	5.2	
120	广西路堤 C	CFG 桩桩网	195	膨胀土	—	125	130	—	3.2	

以上 3 个表，共有 18 个省市约 140 余例工程实例刚性桩复合地基的桩土数据可供参考。读者可根据表中所列工程实例文献的作者名，检索出有关文献，建立自己的数据库。

5.3.2 柔性桩复合地基原位实测桩土分担数据简介

盈建科软件的用户手册中没有关于柔性桩复合地基的说明。应该与 JCCAD 软件一样按混凝土灌注桩输入。

因此，若解决了沉降计算问题，最大的困难就是确定柔性桩复合地基的桩土荷载分担比例，也就是桩间土反力的基床系数取值问题。

关于这个问题，有关地基处理规范的规定也比较笼统。如《建筑地基处理技术规范》JGJ 79—2012 关于水泥土搅拌桩复合地基的桩间土发挥系数，建议值为 0.1～0.8；《复合地基技术规范》GB/T 50783—2012 关于水泥土搅拌桩复合地基的桩间土发挥系数，建议值为 0.10～0.95。

按照上述建议值，桩间土反力基床系数取值高了，可能导致水泥土搅拌桩桩身实际强度偏于不安全；取值低了，工程造价难以为各方面所接受。

路堤荷载在软土地区相当于 4～8 层砖混住宅的重量，在非软土地区最大达到 21 层建筑的重量。储罐荷载在软土地区最大相当于 16 层砖混住宅的重量。

建筑物柔性桩复合地基的原位实测桩土分担资料只收集到 1 例，加上路堤与储罐的柔性桩复合地基，就共有 10 余个省市 50 余例工程实例的数据可供参考，见表 5.3.2-1。

建筑物、路堤与储罐柔性桩复合地基原位实测桩土分担数据　　　　表 5.3.2-1

序号	工程名称	桩型	褥垫层厚度（mm）	承台底基土	承台底土承载力标准值（kPa）	实测沉降值（mm）	实测桩间土压力（kPa）	桩间土分担比例（%）	桩土应力比	文献作者名
建筑物柔性桩复合地基原位实测桩土分担数据										
1	南京 7 层住宅	水泥搅拌桩	300	淤泥质粉质黏土	55	149	21	—	2～5	黄广龙，2008.4
路堤柔性桩复合地基原位实测桩土分担数据										
2	海南路堤	水泥搅拌桩	105	淤泥质黏土	—	29	60	—	2.9	刘保锋，2001.6
3	云南路堤	水泥搅拌桩	122	粉质黏土	—	150	80	—	1.0	王俊涛，2011.3
4	河南路堤	粉喷桩	61	砂质粉土	120	65	55	—	1.25～1.55	赵峰，2006.5

续表

序号	工程名称	桩型	褥垫层厚度（mm）	承台底土基土	承台底土承载力标准值（kPa）	实测沉降值（mm）	实测桩间土压力（kPa）	桩间土分担比例（%）	桩土应力比	文献作者名
路堤柔性桩复合地基原位实测桩土分担数据										
5	甘肃路堤A	挤密砂石桩	99	软黄土	—	102	80～150	—	1.5～2.5	张汉舟，2008.6
6	甘肃路堤B	粉喷桩	133	软黄土	—	350	50	—	4.7	程海涛，2008.6
7	甘肃路堤C	粉喷桩	160	粉土	—	120	60	—	2.2	巨新昌，2007.6
8	辽宁路堤A	水泥搅拌桩	54	松软土	—	24	56	—	2.23	
9	辽宁路堤B	砂桩	58	松软土	—		67	—	2.04	
10	辽宁路堤C	碎石桩	58	松软土	—	8.8	110	—	1.45	荆志东，2004.12
11	辽宁路堤D	碎石桩	58	松软土	—	9.6	84	—	1.52	
12	辽宁路堤E	砂桩	58	松软土	—		67	—	2.04	
13	山东路堤A	粉喷桩	115	粉质黏土	100	130	80	—	6.0	宋修广，2001.4
14	山东路堤B	粉喷桩	130	粉质黏土	120	171		—	7.5	马福雷，2006.12
15	山东路堤C	粉喷桩	255	黏土	—	150	20～73	—	6.3	孙吉勇，2006.1
16	山东路堤D	粉喷桩	152	—	—	90		—	6.0	车华侨，2011.5
17	广东路堤A	水泥搅拌桩	76	淤泥	—	135	68.5～75	—	0.66～1.1	周进军，2007.3
18	广东路堤B	粉喷桩	108	粉质黏土	80		98	—	1.1～1.75	李国维，2005.2
19	广东路堤C	水泥搅拌桩	51	淤泥	40	11	41.4～53.4	—		饶为国，2002.4
20	广东路堤D	粉喷桩	124	淤泥	—			—	3.76～5.77	刘吉福，2003.4
21	四川路堤A	粉喷桩	210	红层软土	—	371		—	3.75	孙亚婷，2007.5
22	四川路堤B	粉喷桩	210	红层软土	—	529		—	2.42	
23	四川路堤C	水泥搅拌桩	177	粉土	—	101	120	—	2.72～5.92	陈亚美，2008.6
24	唐山路堤A	水泥搅拌桩	90	软土	40	41	—	—	2.63	
25	唐山路堤B	水泥搅拌桩	90	软土	40	68	—	—	4.86	李昭晖，2007.6
26	唐山路堤C	水泥搅拌桩	90	软土	40	118	—	—	6.76	
27	邢台路堤	水泥搅拌桩	135	—	—	131	86	—	4.4	王丙兴，2005.1
28	上海路堤	水泥搅拌桩＋塑料排水板	57	粉质黏土	—	500		—	2.5	叶观宝，2010.12
29	昆山路堤A	砂桩	130	黏土	—	320	80	—	3.7	徐林荣，2007.10

续表

序号	工程名称	桩型	褥垫层厚度(mm)	承台底土基土	承台底土承载力标准值(kPa)	实测沉降值(mm)	实测桩间土压力(kPa)	桩间土分担比例(%)	桩土应力比	文献作者名
路堤柔性桩复合地基原位实测桩土分担数据										
30	昆山路堤B	水泥搅拌桩桩网	115.7	黏土	—	156	52~61	48.8	3.16	秦新义，2010.5
31	沪宁间路堤	碎石注浆桩	124	粉质黏土	—		20	33.0	—	彭涛，2010.5
32	吴江路堤A	钉形水泥搅拌桩	70	淤泥质粉质黏土	—	156	—	51.7	3.18	刘松玉，2008.11
33	吴江路堤B	钉形水泥搅拌桩	79	淤泥质粉质黏土	—	159	—	46.2	2.99	
34	吴江路堤C	双向水泥搅拌桩	84	淤泥质粉质黏土	—	240	—	64.6	4.19	
35	吴江路堤D	水泥搅拌桩	92	淤泥质粉质黏土	—	324	—	67.4	3.7	
36	盐城路堤A	粉喷桩	70~103	—	—	89~155	87		1.7	吴开燕，2005.4
37	盐城路堤B	粉喷桩＋排水板	76	—	—	138	80		2.19	
38	盐城路堤C	水泥搅拌桩	93	—	—	86	70		11.0	刘孝江，2005.6
39	盐城路堤D	水泥搅拌桩＋排水板	93	—	—	300	50		9.0	
40	盐城路堤E	水泥搅拌桩＋排水板	93	—	—	400	70		3.7	
41	徐州路堤A	水泥搅拌桩	49	黏土	120	240	—	27~32	2.0~4.9	程友根，2010.6
42	徐州路堤B	水泥搅拌桩	70	黏土	120)	—	—	28~42	1.4~3.4	
43	杭州路堤	粉喷桩	95	粉质黏土	—	129	50		2~4	高文明，2002.2
44	宁波路堤A	粉喷桩	36~49	黏土	—	165~255	20~53		9.2~9.8	俞亚男，2003.5
45	宁波路堤B	浆固碎石桩	51	黏土	—	22	50			汪江波，2008.11
46	宁波路堤C	浆固碎石桩	93	黏土	—	18	130			
47	宁波路堤D	浆固碎石桩	93	黏土	—	23	50			
48	温州路堤	水泥搅拌桩＋排水板	76	黏土	—	685	90		1.0	王宏贵，2011.5
49	浙江路堤	水泥搅拌桩	110	粉质黏土	—	253	133	70	4.7	吴跃东，2007.3
50	天津路堤A	水泥粉喷桩	47	淤泥质黏土	—	300	—		4.7	吴宁，2014.9
51	天津路堤B	水泥浆喷桩	47	淤泥质黏土	—	300	—		4.0	
52	河北路堤A	钉型水泥搅拌桩	175	—	—	156	—		8.5	岳建东，2014.8
53	河北路堤B	水泥搅拌桩	175	—	—		—		6.0	
储罐柔性桩复合地基原位实测桩土分担数据										
54	广东储罐	挤密砂石桩	240	中砂	—	119	188	—	1.3	应宏伟，2005.2
55	山东储罐	碎石桩	—	粉质黏土	—		125		2.5	司海涛，2014.5

读者可根据表中所列工程实例文献的作者名，检索出有关文献，建立自己的数据库。

5.3.3 刚—柔性桩复合地基原位实测桩土分担数据简介

关于确定刚—柔性桩复合地基的刚性桩、柔性桩与桩间土分担比例问题，有关规范的规定更加简略。如《建筑地基处理技术规范》JGJ 79—2012 与《复合地基技术规范》GB/T 50783—2012，均建议由复合地基静载荷试验确定，或按地区经验确定。

建筑物刚—柔性桩复合地基的数据较少，目前只收集到 10 项工程的原位实测桩土分担资料，见表 5.3.3-1。

建筑物刚—柔性长短桩复合地基原位实测桩土分担数据　　　　　表 5.3.3-1

序号	工程名称	桩型	抗震烈度	褥垫层厚度(mm)	承台底基土	承台底土承载力标准值(kPa)	实测沉降值(mm)	实测桩间土压力(kPa)	桩间土分担比例(%)	桩土应力比	文献作者名
1	太原33层	CFG桩+灰土桩	8	—	湿陷性黄土	160	26	100.0	38.7	30.0	张黎明，2012.6
2	四川11层A	CFG桩+碎石桩	9	250	黏土		4.8	55.0	41.4	13.7	苟波，2014.5
3	四川11层B						5.2	49.0	36.8	13.3	
4	杭州7层	沉管灌注桩+水泥搅拌桩	6	300	粉质黏土		27	44.9(土)414.2(搅拌桩)	33.6(土)43.5(搅拌桩)	20.5(沉管桩/土)9.2(搅拌桩/土)	陈龙珠，2004.6
5	杭州14层	钢管桩+碎石桩	6	200	黏质粉土	160	25	135(土)180(碎石桩)	56(土)9(碎石桩)	49.6(钢管桩/土)1.3(碎石桩/土)	陈龙珠，2004.3
6	温州6层	管桩+水泥搅拌桩	6	—	黏土	—	—	40	37(土)30(搅拌桩)	25(管桩/土)20.7(搅拌桩/土)	谢新宇，2007.8
7	温州7层A	钻孔桩+水泥搅拌桩	6	无褥垫层	粉质黏土	110	12	11	8.5(土)18.9(搅拌桩)	185(钻孔桩/土)13.6(搅拌桩/土)	朱奎，2006.10
8	温州7层B	钻孔桩+水泥搅拌桩	6	200	粉质黏土	110	14.1	25	25.0(土)33(搅拌桩)	58(钻孔桩/土)	
9	温州6层C	钻孔桩+水泥搅拌桩	6	200	粉质黏土	110	9	25.5	24.2(土)32.2(搅拌桩)	57(钻孔桩/土)	
10	温州6层D	钻孔桩+水泥搅拌桩	6	200	粉质黏土	110	9.4	31.8	34.7(土)23.9(搅拌桩)	37(钻孔桩/土)	

高速公路、高速铁路与储罐的复合地基桩土分担实测资料远多于建筑物。而这类复合地基的上部荷重也相当于 4～10 层住宅，因此也可为刚—柔性桩复合地基的设计提供参考。尤其是其中采用筏板的复合地基，就更接近建筑物复合地基的状况，有更大的实用价值了。

但路堤刚—柔性桩复合地基也只检索到 4 例工程实例桩土分担实测数据，见表 5.3.3-2。

路堤复合刚—柔性长短桩地基原位实测桩土分担数据　　　　　　　表 5.3.3-2

序号	工程名称	桩型	路堤底荷重（kPa）	路堤底地基土	路堤底土承载力标准值（kPa）	实测沉降值（mm）	实测桩间土压力（kPa）	桩间土分担比例（%）	桩土应力比	文献作者名
1	辽宁路堤 A	CFG 桩＋水泥搅拌桩桩筏	170	黏土	100	25	24.7	12.4	42.5	薛健成，2010.5
2	辽宁路堤 B	CFG 桩＋水泥搅拌桩桩筏	130	—		47	90		21.0	余素萍，2014.2
3	宁波路堤	预应力管桩＋水泥搅拌桩桩网	62	粉质黏土	90	60	27	50.6	14.6	鲁绪文，2007.7
4	江苏路堤	预应力管桩＋水泥搅拌桩桩网	76	粉质黏土			40		7.5	左坤，2014.6

5.3.4　复合地基原位实测与静载荷试验数据的对比

建筑物复合地基在设计施工前，一般均进行复合地基静载荷试验，以便确定复合地基设计参数的取值。有些工程还同时进行了复合地基静载荷试验的原位测试。这就可以用来对静载荷试验与实际工程原位测试数据的比较。

检索到的这方面资料比较少，难以形成一个比较有效的结论。初步印象是，复合地基静载荷试验的结果与实际情况的差别，较复合桩基要小些，见表 5.3.4-1。

建筑物复合地基原位实测桩土分担数据与静载荷试验实测桩土分担的对比　　　　表 5.3.4-1

序号	工程名称	桩型	复合地基原位实测值		复合地基静载荷试验实测值		①/③	②/④	文献作者名
			①桩间土分担比例（%）	②桩土应力比	③桩间土分担比例（%）	④桩土应力比			
1	南京 19 层	素混凝土桩	40.0	18.8	—	19.0	—	0.99	陶景晖，2009.11
2	东莞 20 层	CFG 桩	16.9	52		36.0		1.44	李希平，2009.9
3	东莞 26 层	预应力管桩	54	12.1		16.0		0.76	
4	广州 11 层	CFG 桩	50	10.45	48.3	9.1			
5	温州 6 层	管桩＋水泥搅拌桩	37（土）30（搅拌桩）	25（管桩/土）20.7（搅拌桩/土）	—	33（管桩/土）21（搅拌桩/土）		0.76（管桩/土）0.99（搅拌桩/土）	谢新宇，2007.8
6	温州 7 层 A	钻孔桩＋水泥搅拌桩	8.5（土）18.9（搅拌桩）	185（钻孔桩/土）13.6（搅拌桩/土）	12（土）26（搅拌桩）	131（钻孔桩/土）11（搅拌桩/土）	0.71（土）0.73（搅拌桩）	1.41（钻孔桩/土）1.24（搅拌桩/土）	朱奎，2006.10
7	温州 6 层 B	钻孔桩＋水泥搅拌桩	25（土）33（搅拌桩/土）	65（钻孔桩/土）	20（土）32（搅拌桩）	61（钻孔桩/土）10（搅拌桩/土）	1.25（土）1.03（搅拌桩）	1.07（钻孔桩/土）1.03（搅拌桩/土）	
8	南充 20 层	CFG 桩	—	12	9.8	9.02		1.33	陈春霞，2007.12

注：1. 以上复合地基静载荷试验实测值，是指通过预埋土压力盒量测所得的荷载板下桩间土应力与桩顶应力；

　　2. 静载荷试验荷载一般为工程荷载的两倍。

读者可根据表中所列工程实例文献的作者名，检索出有关文献，建立自己的数据库。

5.4 复合地基工程的沉降计算疑难

采用盈建科基础设计软件计算复合地基承台板内力的合理与否，在很大程度上取决于其沉降计算值的准确程度，因此就需要探讨复合地基的沉降计算问题。

《JCCAD 工程应用与实例分析》一书对复合地基工程的沉降计算，依据有可靠沉降监测数据的工程实例进行了探讨。限于篇幅，本书不再重复，仅列出结论。

5.4.1 刚性桩复合地基工程的沉降计算疑难

刚性桩复合地基的沉降计算一般可采用常规桩基沉降计算方法。

以下列出 2 例采用明德林应力公式法（不考虑桩径影响）计算的建筑物刚性桩复合地基沉降量与实测值对比的工程实例，见表 5.4.1-1。

建筑物刚性桩复合地基沉降计算值与实测值之比　　　　　　　　表 5.4.1-1

序号	工程名称	桩型	实测推算最终沉降① (mm)	明德林应力公式法计算沉降量② (mm)	②/①	文献作者名
1	福州某住宅 A	沉管灌注桩	160	161	1.01	张雁，1999
2	福州某住宅 B	沉管灌注桩	>160	155	0.97	
	平均值				1.01	

由表 5.4.1-1 看出，明德林应力公式法计算值的的保证率较高，但样本太少。

以下列出部分采用规范法计算的路堤、站场、储罐刚性桩复合地基沉降量小于实测值的工程实例，见表 5.4.1-2。

刚性桩复合地基沉降计算值与实测值之比（1）　　　　　　　表 5.4.1-2

序号	工程名称	桩型	实测推算最终沉降① (mm)	规范法计算沉降量② (mm)	②/①	文献作者名
1	浙江某高速铁路路堤	预应力管桩	355	56	0.16	程岩，2007.11
2	浙江某高速公路路堤 A	低强度混凝土桩	395	203	0.51	曾开华，2003.9
3	浙江某高速公路路堤 B	低强度混凝土桩	317	178	0.88	
4	浙江某高速公路路堤 C	低强度混凝土桩	239	155	0.83	
5	上海某车道	预制方桩	394	213	0.54	张伟，2005.3
6	江苏某高速铁路路堤 A	CFG 桩	42	19	0.45	单丽萍，2011.5
7	江苏某高速铁路路堤 B	CFG 桩	34	10	0.29	

续表

序号	工程名称	桩型	实测推算最终沉降① (mm)	规范法计算沉降量② (mm)	②/①	文献作者名
8	山东某高速铁路站场 A	预应力管桩	37.5	31.1	0.83	温世聪，2012.6
9	山东某高速铁路站场 B	预应力管桩	61.2	49.4	0.81	
10	山东某高速铁路站场 C	预应力管桩	77.1	40.7	0.53	
11	山东某高速铁路站场 D	预应力管桩	74.3	50.4	0.68	
12	山东某高速铁路站场 E	预应力管桩	54.3	34.2	0.63	
平均值					0.60	

以下列出部分采用规范法计算的路堤、站场、储罐刚性桩复合地基沉降量大于实测值的工程实例，见表 5.4.1-3。

刚性桩复合地基沉降计算值与实测值之比（2）　　　　　表 5.4.1-3

序号	工程名称	桩型	实测推算最终沉降① (mm)	规范法计算沉降量② (mm)	②/①	文献作者名
1	浙江储罐 A	预制方桩	110	351	3.19	俞海洪，205.3
2	浙江储罐 B	预制方桩	491	522	1.06	杨杰，2011.4
3	浙江储罐 C	预制方桩	185	450	2.43	
4	浙江储罐 D	预制方桩	46	319	6.93	
5	山东储罐 A	CFG 桩	130	126	0.97	董海波，2007.4
6	安徽某高速铁路站场	预应力管桩	22.5	72	3.20	陈潇，2010.4
7	安徽某高速铁路路堤 A	CFG 桩	19	78	4.11	曾俊铖，2010.6
8	安徽某高速铁路路堤 B	CFG 桩	14	99	7.07	
9	上海某高速铁路路堤	钻孔桩	8.5	213	2.51	刘芳，2011.5
10	河北某高速铁路路堤 A	CFG 桩	68	85	1.25	崔维孝，2008.12
11	河北某高速铁路路堤 B	CFG 桩	78	105	1.35	
12	河北某高速铁路路堤 C	CFG 桩	40	54	1.35	
13	河北某高速铁路路堤 D	CFG 桩	54	327	6.06	肖启航，2010.12
14	河北某高速铁路路堤 E	预制桩	45	365	8.11	
15	河北某高速铁路路堤 F	预制桩	42	303	7.21	
16	河北某高速铁路路堤 G	预制桩	46	386	9.19	
17	河北某高速铁路站场 A	CFG 桩	32	204	6.38	孙成，2012.5
18	河北某高速铁路站场 B	CFG 桩	32	195	6.09	
19	河北某高速铁路站场 C	CFG 桩	32	196	6.13	
20	河北某高速铁路站场 D	CFG 桩	31	52	1.68	
21	河北某高速铁路站场 E	CFG 桩	31	81	2.61	
22	河北某高速铁路站场 F	载体桩	88	124	1.41	周斌，2011.5
平均值					3.92	

由表 5.4.1-2，表 5.4.1-2 的数据可知，总共 34 项路堤、站场、储罐复合地基工程实例中，只有 6 项工程实例的实测推算最终沉降与计算值之比，达到 80% 保证率的要求。这说明目前有关路堤、站场、储罐复合地基的沉降计算方法尚未达到成熟的程度。

5.4.2 柔性桩复合地基工程的沉降计算疑难

有关地基处理规范提供有柔性桩复合地基沉降计算方法为复合模量法。

以下列出 4 例采用有关地基处理规范沉降计算方法计算的建筑物柔性桩复合地基沉降量与实测值对比的工程实例，见表 5.4.2-1。

建筑物柔性桩复合地基沉降计算值与实测值之比　　表 5.4.2-1

序号	工程名称	桩型	实测推算最终沉降① (mm)	规范法计算沉降量② (mm)	②/①	文献作者名
1	温州某住宅 A	水泥搅拌桩	64	405	6.30	卞守中，1990
2	温州某住宅 B	水泥搅拌桩	550	639	1.16	项学先，2000
3	南京某住宅 A	水泥搅拌桩	150	351	2.34	曾国熙，1988
4	南京某住宅 B	水泥搅拌桩	250	226	0.90	曾国熙，1988
平均值					2.68	

由表 5.4.2-1 看出，规范法计算值的保证率相差较悬殊。

以下列出部分采用规范法计算的路堤柔性桩复合地基沉降量小于实测值的工程实例，见表 5.4.2-2。

柔性桩复合地基沉降计算值与实测值之比（1）　　表 5.4.2-2

序号	工程名称	桩型	实测推算最终沉降① (mm)	规范法计算沉降量② (mm)	②/①	文献作者名
1	四川某高速铁路路堤 A	水泥粉喷桩	283	58	0.20	
2	四川某高速铁路路堤 B	水泥粉喷桩	257	57	0.22	
3	四川某高速铁路路堤 C	水泥粉喷桩	238	65	0.27	
4	四川某高速铁路路堤 D	水泥粉喷桩	123	52	0.42	卿三惠 2007.6
5	四川某高速铁路路堤 E	水泥粉喷桩	133	29	0.12	
6	四川某高速铁路路堤 F	水泥粉喷桩	110	36	0.33	
7	四川某高速铁路路堤 G	水泥粉喷桩	185	69	0.37	
8	江苏某高速铁路路堤 H	水泥粉喷桩	320	204	0.64	王祥，2006.3
平均值					0.32	

再列出部分采用规范法计算的路堤、储罐柔性桩复合地基沉降量大于实测值的工程实例，见表 5.4.2-3。

柔性桩复合地基沉降计算值与实测值之比（2）　　　　表 5.4.2-3

序号	工程名称	桩型	实测推算最终沉降① (mm)	规范法计算沉降量② (mm)	②/①	文献作者名
1	山东储罐	强夯	56	251	4.48	韩星照，2012.5
2	山东储罐群(29座)	碎石振冲桩	139(最大值)	647(平均值)	4.65	司海涛，2014.5
3	江苏某高速公路路堤	水泥粉喷桩	1410	1956	1.39	汤梅芳，2005.6
平均值					3.51	

由表 5.4.2-1，表 5.4.2-2 的数据可知，总共 11 项路堤、储罐柔性桩复合地基工程实例中，无一例工程实例的实测推算最终沉降与计算值之比，达到 80% 保证率的要求。这说明目前路堤、储罐柔性桩复合地基的沉降计算方法尚未达到成熟的程度。

5.4.3　刚—柔性桩复合地基工程的沉降计算疑难

由工程实践，刚—柔性桩复合地基沉降计算可按常规桩基计算。

以下列出 4 例采用常规桩基沉降计算方法计算的建筑物刚—柔性桩复合地基沉降量与实测值对比的工程实例，见表 5.4.3-1。

建筑物刚—柔性桩复合地基沉降计算值与实测值之比　　　　表 5.4.3-1

序号	工程名称	桩型	实测推算最终沉降① (mm)	常规桩基法计算沉降量② (mm)	②/①	文献作者名
1	温州某住宅 A	钻孔桩＋水泥搅拌桩	20	27	1.35	朱奎，2006
2	温州某住宅 B	钻孔桩＋水泥搅拌桩	24	30	1.25	
3	温州某住宅 A	钻孔桩＋水泥搅拌桩	28	32	1.14	
4	温州某住宅 B	钻孔桩＋水泥搅拌桩	20	29	1.45	
平均值					1.30	

由表 5.4.3-1 看出，常规桩基沉降计算方法计算值的保证率较高，但样本太少，尚不足以定论。

以下列出部分采用规范法计算的路堤刚—柔性桩复合地基沉降量与实测值对比的工程实例，见表 5.4.3-2。

刚—柔性桩复合地基沉降计算值与实测值之比　　　　表 5.4.3-2

序号	工程名称	桩型	实测推算最终沉降① (mm)	规范法计算沉降量② (mm)	②/①	文献作者名
1	辽宁某高速铁路站场	CFG 桩＋水泥搅拌桩	41	56	1.30	张宽，2010.5
2	浙江某高速公路路堤	预应力管桩＋水泥搅拌桩	68	119	1.75	鲁绪文，2007.7
平均值					1.53	

由表 5.4.3-1，表 5.4.3-2 的数据可知，总共 2 项复合地基工程实例中，无一例工程实例的实测推算最终沉降与计算值之比，达到 80% 保证率的要求。这说明目前路堤刚—

柔性桩复合地基的沉降计算方法尚未达到成熟的程度。

由于桩基规范规定，当承台底为可液化土、湿陷性土、高灵敏度软土等时，不考虑承台效应。因此对于温州地区这类淤泥土，就不适用刚性桩复合桩基。而刚—柔性复合地基采用柔性桩形成一个"人工硬土层"的方法，就能够解决这个难题。

由理论分析可知，当刚—柔性复合地基中的柔性桩桩长为 6m 时，刚性桩的应力达到最高点。随着柔性桩桩长的变长，刚性桩的应力随之变小。而承台底土反力的变化，与柔性桩桩长的变化基本无关联。（朱奎，2006）

由此可见，刚—柔性复合地基的沉降计算方法也可能影响到其设计思路。若按刚—柔性长短桩复合地基沉降计算的传统模式，则柔性短桩的桩长应加大，以便减小计算沉降量；而若以明德林应力公式法计算刚—柔性长短桩复合地基沉降，则由于柔性短桩范围内复合土层压缩变形量很小可忽略，决定复合地基沉降的主要因素是刚性长桩，因此柔性短桩的桩长就可以控制在 5～6m 左右，采取"短而密"的布桩方式。

以上的探讨还有待于工程实践的检验。

5.5　小　　结

关于复合地基的沉降计算，有关地基处理规范建议的方法仍是以分层总和法为基础的计算方法。

本章依据刚性桩复合地基、柔性桩复合地基与刚—柔性桩复合地基的典型案例，对这三种复合地基的沉降计算方法分别进行初步探讨，初步意见是：

（1）刚性桩复合地基的沉降计算可参照常规桩基，计算结果的保证率较高；

（2）柔性桩复合地基按有关地基处理规范建议采用分层总和法计算沉降，但计算结果的保证率相差较悬殊，难以掌握；

（3）刚—柔性桩复合地基的沉降计算也可参照常规桩基，计算结果的保证率尚可。

关于复合地基的桩土分担问题，本章共收集了全国近 20 个省市的 200 余例多高层建筑、路堤以及储罐复合地基的实测沉降与桩土分担数据，可供参考。

解决了以上问题，由盈建科基础设计软件计算复合地基，就可参照复合桩基了。

由第 3 章的探讨可知，因为复合地基的桩间土荷载分担比高于复合桩基，因此盈建科基础设计软件计算复合地基沉降的保证率将更低。

总之，复合地基沉降计算的问题远未得到解决，尚需积累更多的实测数据。

6. 盈建科基础设计软件计算 复合疏桩基础的疑难与探讨

6.1 引　言

现在直接在多层、小高层建筑桩基础上，应用复合疏桩基础进行设计的已经较少了。但主裙连体桩基工程中的裙楼桩基就常属于复合疏桩基础，而对外扩地下室有人采用"天然地基加抗拔桩"的设计。由本章的探讨可知，所谓"天然地基加抗拔桩"就是复合疏桩基础，且板底土反力的取值并无实测数据的支持，可能远远偏于保守。

盈建科基础设计软件计算径距比大于等于 6 倍桩径的复合疏桩基础沉降，采用现行《建筑桩基技术规范》所提供公式(5.5.14-4)。由此存在 2 个疑难：

1.《建筑桩基技术规范》提供了径距比大于 6 倍桩径复合疏桩基础的承台效应系数，但由 1994 年版至 2008 年版的《建筑桩基技术规范》，均未得到工程实测数据的验证。

2. 公式(5.5.14-4) 是基于明德林应力解（考虑桩径影响）的原理，适用于单桩、小桩群的沉降计算，现直接应用于复合疏桩基础，且《建筑桩基技术规范》并未提供工程实例的验证。

本章第 2 节给出上海、江苏、浙江等地共 10 例复合疏桩基础的实测承台底土反力，以及北京 1 例复合基础的实测承台底土反力，发现现行《建筑桩基技术规范》JGJ 94 所提供径距比大于 6 倍桩径复合疏桩基础的承台效应系数，未能得到复合疏桩基础工程实例实测数据的支持，因此不宜采用。

再通过大比例模型群桩静载荷试桩的实测承台底土反力—时间曲线，与复合基础工程实例实测承台底土反力—时间曲线的对比，发现两者重大差别的主要原因是加载方式的不同。

本章第 3 节通过上海地区 7 例复合疏桩基础的实测沉降，与盈建科基础设计软件计算结果的对比，发现软件计算结果明显偏于不安全。

6.2 大比例模型试验与复合桩基础工程的本质区别

现行《建筑桩基技术规范》JGJ 94 的表 3 给出承台效应系数模型试验实测与计算值的比较，作为承台效应系数的主要依据。但由本书第 3 章表 3.3.1-1 可知，实际工程原位实测土反力与计算值有着较大差别。这牵涉到大比例模型试验与复合桩基础工程的本质区别这一课题。

以下分软土地区复合疏桩基础工程与非疏桩复合桩基础工程两节进行探讨。

6.2.1　大比例模型试验与软土地区复合疏桩基础工程的本质区别

表 3.3.1-1 给出全国各地共 90 例复合桩基原位实测土抗力的数据，其中包括上海、江苏、浙江共 10 例桩距径比不小于 6 倍桩径的疏桩复合桩基工程资料。这 10 例工程的计算土抗力与实测值的对比，见表 6.2.1-1。

软土地区疏桩复合桩基础承台土抗力计算与实测比较　　　　表 6.2.1-1

序号	工程名称	等效距径比	承台底基土	承台底土承载力特征值（kPa）	计算承台效应系数	计算承台土抗力（kPa）	实测承台土抗力（kPa）	计算值/实测值	文献作者名
1	南京 9 层框架	9.9	粉砂	140	0.5	70.0	30(50)	2.33	宰金珉，2001.10
2	南京 6 层砖混	7.0	粉质黏土与淤泥质粉质黏土	83	0.4	33.2	7.0(10)	4.74	胡庆兴，2001.3
3	徐州 9 层框架	6.35	粉质黏土	110	0.4	44.0	18,7 (36.7)	2.35	王玮，2005.9
4	上海徐汇区 6 层砖混 A 楼	6.5	粉质黏土与淤泥质黏土	63	0.4	25.2	7.72 (10.2)	3.26	龚晓南，2003.9
5	上海徐汇区 6 层砖混 B 楼	6.5	粉质黏土与淤泥质黏土	63	0.4	25.2	14.2 (16.7)	1.77	
6	上海青浦区 6 层砖混	6.0	粉质黏土与黏土	80	0.4	32.0	3.65 (9.65)	8.77	陈锦剑，2009.2
7	上海宝山区 7 层框架 A 楼	7.8	粉质黏土与砂质粉土	100	0.5	50.0	3.0 (10)	13.33	李韬，2004.7
8	上海宝山区 7 层框架 B 楼	7.4	粉质黏土与砂质粉土	100	0.5	50.0	12.5 (15)	3.2	
9	浙江宁波 6 层底框	7.9	粉质黏土与淤泥质粉土	72	0.4	28.8	3.2 (6.2)	9.0	张剑锋，2005.10
10	浙江台州 5 层框架	10.3	粉质黏土与淤泥	56	0.4	22.4	4.6 (7.1)	4.87	李浩，2001.2
	平均值							5.36	

注：1. 承台土抗力，括弧内为未扣除静水压力值，括弧外为扣除静水压力（浮力）值。

　　2. 计算承台系数由《建筑桩基技术规范》规定，对于饱和黏性土中的挤土桩基，一律取低值的 0.8 倍，即 0.8×0.5＝0.4。

由表 6.2.1-1 所示江苏、浙江、上海三地共 10 项标准疏桩复合桩基础的承台底土抗力实测结果可知，当距径比大于 6 倍桩径时，无论承台下为淤泥质土或粉砂，承台底土抗力计算值均明显大于实测值，两者之比为 1.77～13.33，平均值为 5.36；即使含地下水浮力的承台底土抗力计算值也明显大于实测值，两者之比为 1.20～5.00，平均为 2.94。

可见目前个人能检索到的标准疏桩复合桩基础原位实测资料，并未支持《建筑桩基设计规范》所提供径距比大于 6 倍桩径的承台效应系数。

注：《建筑桩基技术规范》JGJ 94 "表 4　承台效应系数工程实测与计算比较"中，计算承台效应系数取值不小于 0.5 的有 2 项，但序号 5 "上海 12 层剪力墙"（贾宗元，1990.2）的计算承台效应系数"0.8"，应为"0.28"；序号 15 的"山东某油田塔基"（尚未检索到有关文献），桩距径比 5.5，计算承台效应系数取"0.5"，实测承台效应系数为 0.55，但该工程属于"骤加大荷载的工况"，接近复合桩基大比例模型试验的工况，与一般建筑工程有所区别。详见下文。

而《建筑桩基技术规范》JGJ 94 条文说明中表 3 给出的疏桩复合桩基承台效应系数大比例模型试验结果，均支持《建筑桩基技术规范》JGJ 94 给出的承台效应系数。因此两者之间的反差就值得探讨。

尚未检索到非软土地区疏桩复合桩基工程的原位监测资料，因此以下探讨集中于软土地区疏桩复合桩基的承台效应系数取值问题。

6.2.1-1　大比例模型试验疏桩桩基试验的承台土抗力—总荷载特性

复合桩基承台效应系数大比例模型试验与实际复合桩基工程的主要区别有：承台是否位于地下水位以下、承台的体量与加载速率。

复合桩基承台效应系数大比例模型试验的加载采用慢速维持荷载法，荷载分级为预估值的 1/15～1/12，每一级加载时间一般为 1～1.5 小时。有关文献一般仅提供实测土反力与总荷载的对应关系，未提供总加载时间。已知总加载时间的唯一案例为《建筑桩基技术规范》条文说明表 3 中序号 13 的洛口粉土中 3 倍桩径的 9 桩（3×3）承台：总荷载略小于极限荷载的一半，在 8 小时内等速施加。

由此可见，复合桩基承台效应系数大比例模型试验的加载时间不太可能超过 3d。因此，相对于实际工程的荷载施加方式与时间，可以认为大比例模型试验的土抗力—总荷载曲线，近似于实际工程的土抗力—时间曲线。

《建筑桩基技术规范》JGJ 94 指出，粉土（济南市洛口试验场地）大比例模型多排钻孔桩基试验的承台实测土抗力增速，持续大于总荷载增速。

洛口粉土中 6 倍桩径的 9 桩（3×3）承台的土抗力—总荷载曲线如图 6.2.1-1 所示。该承台即《建筑桩基技术规范》JGJ 94—2008 表 3 中序号 6 的模型。（黄河洛口桩基试验研究组，1985.7）

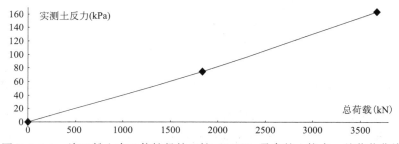

图 6.2.1-1　洛口粉土中 6 倍桩径的 9 桩（3×3）承台的土抗力—总荷载曲线

粉土（北京顺义区试验场地）大比例模型多排钻孔桩基试验的承台实测土抗力增速，

持续大于总荷载增速。

北京顺义区粉土中 6 倍桩径的 9 桩（3×3）承台的土抗力—总荷载曲线如图 6.2.1-2 所示。（秋仁东，2012）

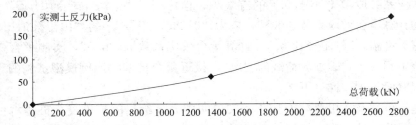

图 6.2.1-2　北京顺义区粉土中 6 倍桩径的 9 桩（3×3）承台的土抗力—总荷载曲线

软土（天津大港电厂试验场地）大比例模型多排钢管桩基试验的承台实测土抗力增速，也持续大于总荷载增速。

软土（天津大港电厂试验场地）中 6 倍桩径的 16 桩（4×4）承台的土抗力—总荷载曲线如图 6.2.1-3 所示。该承台即《建筑桩基技术规范》JGJ 94—2008 表 3 中序号 21 的模型。（刘金砺，1991）

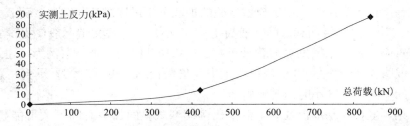

图 6.2.1-3　天津大港电厂软土中 6 倍桩径的 16 桩（4×4）承台的土抗力—总荷载曲线

软土（天津大港电厂试验场地）中 6 倍桩径的 9 桩（3×3）承台的土抗力—总荷载曲线如图 6.2.1-4 所示。该承台即《建筑桩基技术规范》JGJ 94—2008 表 3 中序号 22 的模型。（刘金砺，1991）

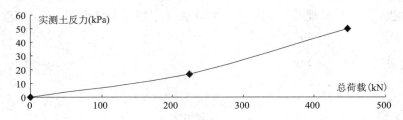

图 6.2.1-4　天津大港电厂软土中 6 倍桩径的 9 桩（3×3）承台的土抗力—总荷载曲线

对于位于地下水位以下大比例模型桩基试验，济南市洛口试验场地共进行了 4 组不同桩径的二桩承台。浸水试验在试验组周围筑起挡水土围堰，加载前 54 小时灌水，始终保证 200mm 左右的水位。其中仅直径 250mm 的二桩承台（D—9，3 倍桩径）进行了桩土荷载分担测试。实测承台土抗力增速同样也持续大于总荷载增速，这说明"浅层地下水"

对承台土抗力增速的影响并不明显。

济南市洛口试验场地浸水试验在试验组周围筑起挡水土围堰，加载前54小时灌水，始终保证200mm左右的水位。其中仅直径250mm的二桩承台（D—9，3倍桩径）进行了桩土荷载分担测试，土抗力—总荷载曲线如图6.2.1-5所示。该承台《建筑桩基技术规范》JGJ 94—2008表3未提供。（黄河洛口桩基试验研究组，1985.7）

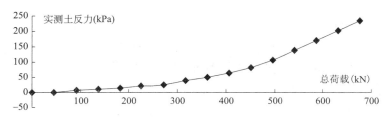

图 6.2.1-5 洛口粉土中2桩承台（浸水）的土抗力—总荷载曲线

与洛口试验场地未浸水的2桩承台实测土反力—总荷载曲线相比，在二分之一极限总荷载时，浸水承台实测土反力为未浸水承台实测土反力的0.49；在极限总荷载时，浸水承台实测土反力为未浸水承台实测土反力的0.96。但浸水承台实测土抗力的增速，均持续大于总荷载增速。这说明"浅层地下水"对承台土抗力增速的影响并不明显。

关于大比例模型群桩承台与实际工程承台板体量的差别问题，中国建筑科学研究院曾进行更大比例模型群桩承台的试验，平板式桩筏基础模型平面尺寸为10.5 m×5 m，其体量已经与实际工程接近了，实测承台土抗力也随总荷载的增加而增加，如图6.2.1-5所示。（王涛，2011）

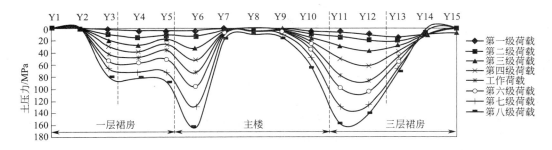

图 6.2.1-6 中国建筑科学研究院大比例模型群桩承台试验的土抗力曲线

由此可见，大比例模型群桩承台与实际工程承台板体量的差别，影响很可能并不大。

6.2.1-2 软土地区疏桩复合桩基工程原位实测承台土抗力—总荷载特性

软土地区的实际工程长期原型监测表明，并不像大比例群桩现场试验实测数据显示的那样，土抗力和荷载的增速同步。而是土抗力达到一定的程度，虽有起伏但不再出现较大的增长，有些还出现下降现象。因此在实测土反力分担比—时间曲线上的反映，就是土抗力所占外荷载比例下降；当外荷载结束增长后，土抗力所占外荷载比例保持一个较稳定的水平。

除非建设长期中断，一般工程的加荷特性可视为持续进行的过程。因此实测土反力—时间曲线与实测土反力—总荷载曲线基本等价。

以下给出表 6.2.1-1 所示 10 项工程中 8 项工程的原位实测土反力—时间曲线或原位实测土反力分担比—时间曲线。

1. ［南京 6 层砖混］为桩筏基础，地下水位于自然地面以下 1m 左右。结构封顶后 1.5 年的原位实测土反力—时间曲线，如图 6.2.1-7 所示。

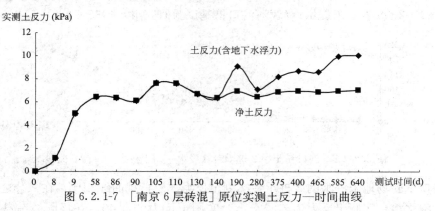

图 6.2.1-7 ［南京 6 层砖混］原位实测土反力—时间曲线

2. ［徐州 9 层框架］设地下 1 层，为桩承台基础，地下水位随季节起伏较大。建成时原位实测桩、土反力（含地下水浮力）分担比—时间曲线，如图 6.2.1-8 所示。虽未检索到原位实测土反力—时间曲线，但实测土反力（含地下水浮力）随总荷载增加而不再出现较大增长的趋势，还是比较清楚的。

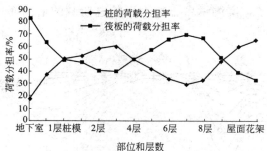

图 6.2.1-8 ［徐州 9 层框架］原位实测桩、土反力（含地下水浮力）分担比—时间曲线

3. ［上海徐汇区 6 层砖混 A 楼］为桩、条基基础，地下水位于自然地面以下 1m 左右。共 4.5 年的原位实测土反力—时间曲线，如图 6.2.1-9 所示。

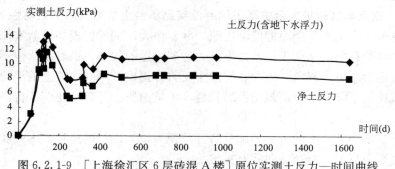

图 6.2.1-9 ［上海徐汇区 6 层砖混 A 楼］原位实测土反力—时间曲线

4.〔上海徐汇区 6 层砖混 B 楼〕为桩、条基基础，地下水位于自然地面以下 1m 左右。共 4.5 年的原位实测土反力—时间曲线，如图 6.2.1-10 所示。

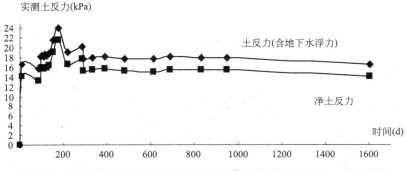

图 6.2.1-10　〔上海徐汇区 6 层砖混 B 楼〕原位实测土反力—时间曲线

5.〔上海青浦区 6 层砖混〕为桩、条基基础，地下水位于自然地面以下 1m 左右。交付使用后 3 个月的原位实测桩、土反力分担比—时间曲线，如图 6.2.1-11 所示。虽未检索到原位实测土反力—时间曲线，但实测土反力随总荷载增加而不再出现较大增长的趋势，还是比较清楚的。

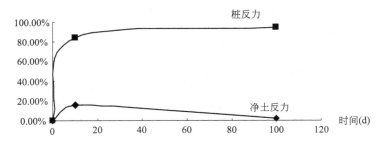

图 6.2.1-11　〔上海青浦区 6 层砖混〕原位实测桩、土反力分担比—时间曲线

6.〔上海宝山区 7 层框架 A 楼〕为桩、条基基础，地下水位于自然地面以下 1m 左右。完工后半年的原位实测土反力（含地下水浮力）—时间曲线，如图 6.2.1-12 所示。

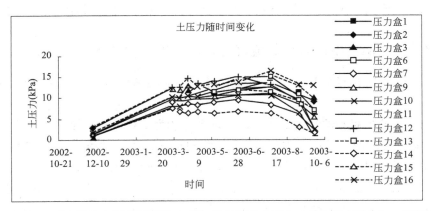

图 6.2.1-12　〔上海宝山区 7 层框架 A 楼〕原位实测土反力（含地下水浮力）—时间曲线

7. ［上海宝山区 7 层框架 B 楼］为桩、条基基础，地下水位于自然地面以下 1m 左右。完工后半年的原位实测土反力（含地下水浮力）—时间曲线，如图 6.2.1-13 所示。

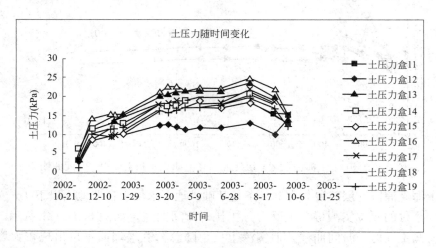

图 6.2.1-13　［上海宝山区 7 层框架 B 楼］原位实测土反力（含地下水浮力）—时间曲线

8.［浙江台州 5 层综合楼］原位实测土反力—时间曲线见图 6.2.1-14。

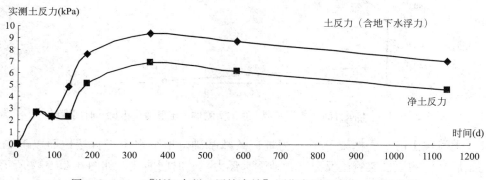

图 6.2.1-14　［浙江台州 5 层综合楼］原位实测土反力—时间曲线

6.2.2　大比例模型试验与非疏桩复合桩基础工程的本质区别

大比例模型多排非疏桩复合桩基试验的承台实测土抗力增速，也持续大于总荷载增速。

6.2.2-1　大比例模型非疏桩桩基试验的承台土抗力—总荷载特性

1. 洛口粉土中 2 倍桩径的 9 桩（3×3）承台的土抗力—总荷载曲线，如图 6.2.2-1 所示。该承台《建筑桩基技术规范》JGJ94—2008 表 3 中未提供。（黄河洛口桩基试验研究组，1985.7）

2. 洛口粉土中 3 倍桩径的 9 桩（3×3）承台的土抗力—总荷载曲线，如图 6.2.2-2 所示。该承台即《建筑桩基技术规范》JG 94—2008 表 3 中序号 1 的模型。（黄河洛口桩基试验研究组，1985.7）

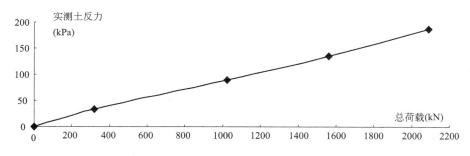

图 6.2.2-1 洛口粉土中 9 桩（桩距 2 倍桩径）的土反力—总荷载曲线

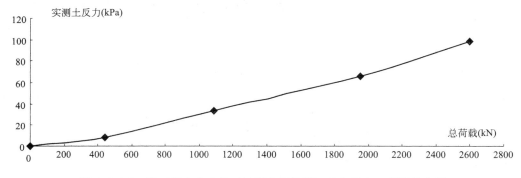

图 6.2.2-2 洛口粉土中 9 桩（桩距 3 倍桩径）的土反力—总荷载曲线

3. 洛口粉土中 4 倍桩径的 9 桩（3×3）承台的土抗力—总荷载曲线，如图 6.2.2-3。该承台即《建筑桩基技术规范》JGJ 94—2008 表 3 中序号 5 的模型。（黄河洛口桩基试验研究组，1985.7）

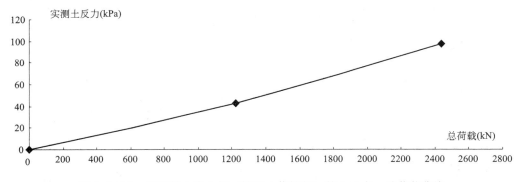

图 6.2.2-3 洛口粉土中 9 桩（桩距 4 倍桩径）的土反力—总荷载曲线

4. 洛口粉土中 3 倍桩径的 12 桩（3×4）承台的土抗力—总荷载曲线，如图 6.2.2-4 所示。该承台即《建筑桩基技术规范》JGJ 94—2008 表 3 中序号 9 的模型。（黄河洛口桩基试验研究组，1985.7）

5. 洛口粉土中 3 倍桩径的 16 桩（4×4）承台的土抗力—总荷载曲线，如图 6.2.2-5 所示。该承台即《建筑桩基技术规范》JGJ 94—2008 表 3 中序号 10 的模型。（黄河洛口桩

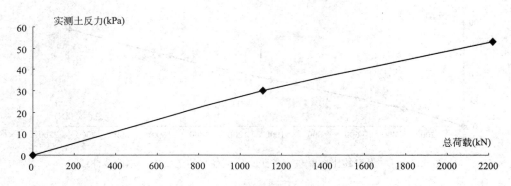

图 6.2.2-4　洛口粉土中 12 桩（桩距 3 倍桩径）的土反力—总荷载曲线

基试验研究组，1985.7）

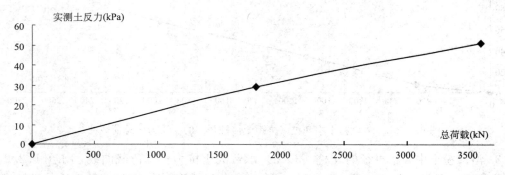

图 6.2.2-5　洛口粉土中 16 桩（桩距 3 倍桩径）的土反力—总荷载曲线

6. 北京顺义区粉土中 3.5 倍桩径的 9 桩（3×3）承台的土抗力—总荷载曲线，如图 6.2.2-6 所示。（秋仁东，2012）

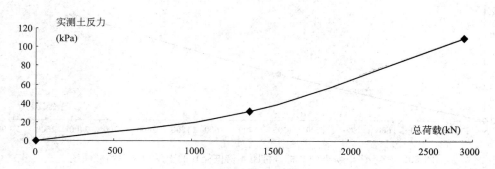

图 6.2.2-6　北京顺义区粉土中 3.5 倍桩径的 9 桩（3×3）承台的土抗力—总荷载曲线

7. 北京顺义区粉土中 3.5 倍桩径的 12 桩（3×4）承台的土抗力—总荷载曲线，如图 6.2.2-7 所示。（秋仁东，2012）

8. 山西长治黏性土中 4 倍桩径的 4 桩承台的土抗力—总荷载曲线，如图 6.2.2-8 所示。（韩云山，2005）

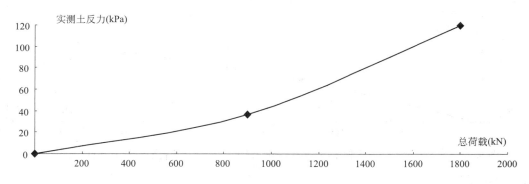

图 6.2.2-7 北京顺义区粉土中 3.5 倍桩径的 12 桩（3×4）承台的土抗力—总荷载曲线

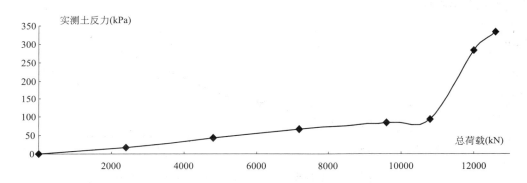

图 6.2.2-8 山西长治黏性土中 4 倍桩径的 4 桩承台的土抗力—总荷载曲线

9. 山西长治黏性土中 5 倍桩径的 4 桩承台的土抗力—总荷载曲线，如图 6.2.2-9 所示。（韩云山，2005）

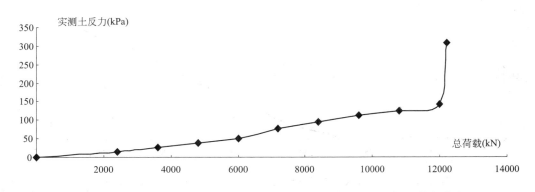

图 6.2.2-9 山西长治黏性土中 5 倍桩径的 4 桩承台的土抗力—总荷载曲线

10. 天津大港电厂试验场地软土中 4 倍桩径的 16 桩（4×4）承台的土抗力—总荷载曲线，如图 6.2.2-10 所示。该承台即《建筑桩基技术规范》JGJ 94—2008 表 3 中序号 20 的模型。（刘金砺，1991）

11. 上海软土中带承台板单桩（一）的土抗力—总荷载曲线，如图 6.2.2-11 所示。

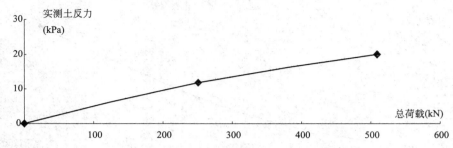

图 6.2.2-10 天津大港电厂软土中 4 倍桩径的 16 桩（4×4）承台的土抗力—总荷载曲线

（裴捷，2001）

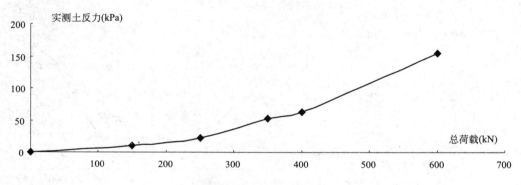

图 6.2.2-11 上海软土中带承台板单桩（一）的土抗力—总荷载曲线

12. 上海软土中带承台板单桩（二）的土抗力—总荷载曲线，如图 6.2.2-12 所示。
（裴捷，2001）

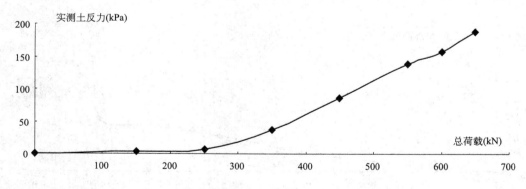

图 6.2.2-12 上海软土中带承台板单桩（二）的土抗力—总荷载曲线

6.2.2-2 骤加大荷载工况复合桩基工程原位实测承台土抗力—总荷载特性

骤加大荷载工况复合桩基实际工程长期原型监测表明，土抗力和荷载的增速同步，类似大比例群桩现场试验实测数据显示的那样。

以下给出表 3.3.1-1 中骤加大荷载工况复合桩基工程的原位实测土反力—时间曲线或原位实测土反力分担比—时间曲线。

1. 表 3.3.1-1 中序号 73 的"黄土地区储罐 A"5.5 倍桩径的 10 桩承台原位实测土反力—时间曲线，如图 6.2.2-13 所示。（徐至钧，1982）

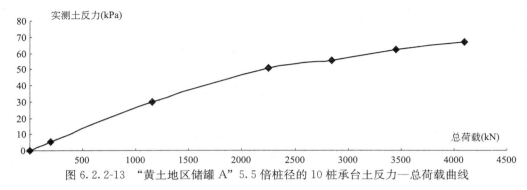

图 6.2.2-13 "黄土地区储罐 A"5.5 倍桩径的 10 桩承台土反力—总荷载曲线

2. 表 3.3.1-1 中序号 74 的"黄土地区储罐 B"7.6 倍桩径的 4 桩承台原位实测土反力—时间曲线，如图 6.2.2-14 所示。（徐至钧，1982）

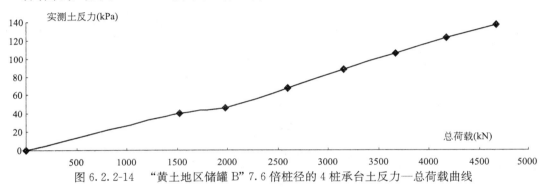

图 6.2.2-14 "黄土地区储罐 B"7.6 倍桩径的 4 桩承台土反力—总荷载曲线

3. 表 3.3.1-1 中序号 75 的"黄土地区储罐 C"4.9 倍桩径的 6 桩承台原位实测土反力—时间曲线，如图 6.2.2-15 所示。（徐至钧，1982）

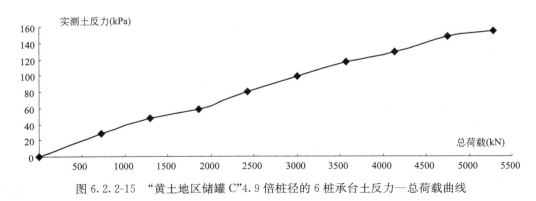

图 6.2.2-15 "黄土地区储罐 C"4.9 倍桩径的 6 桩承台土反力—总荷载曲线

6.2.2-3 桩顶安装变形调节装置工况复合桩基工程原位实测承台土抗力—总荷载特性

桩顶安装变形调节装置工况复合桩基实际工程长期原型监测表明，土抗力和荷载的增速同步，类似大比例群桩现场试验实测数据显示的那样。

以下给出表 3.3.1-1 中桩顶安装变形调节装置工况复合桩基工程的原位实测土反力—

时间曲线或原位实测土反力分担比—时间曲线。

1. 表 3.3.1-1 中序号 34 的"厦门 30 层框剪 A"的原位实测土反力—时间曲线，如图 6.2.2-16 所示。（周峰，2007.5）

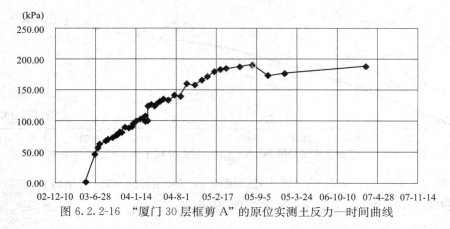

图 6.2.2-16 "厦门 30 层框剪 A"的原位实测土反力—时间曲线

2. 表 3.3.1-1 中序号 35 的"厦门 30 层框剪 B"的原位实测土反力—时间曲线，如图 6.2.2-17 所示。（周峰，2007.5）

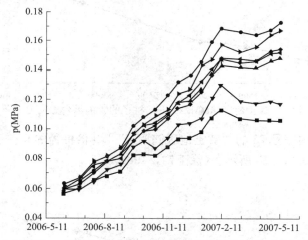

图 6.2.2-17 "厦门 30 层框剪 B"的原位实测土反力—时间曲线

6.2.2-4 非疏桩复合桩基工程原位实测承台土抗力—总荷载特性

非疏桩复合桩基实际工程长期原型监测表明，并不像大比例群桩现场试验实测数据显示的那样土抗力和荷载的增速同步，而是土抗力达到一定的程度，虽有起伏但不再出现较大的增长，有些还出现下降现象。因此在实测土反力分担比—时间曲线上的反映，就是土抗力所占外荷载比例下降；当外荷载结束增长后，土抗力所占外荷载比例保持一个较稳定的水平。

以下给出表 3.3.1-1 中部分非疏桩复合桩基工程的原位实测土反力—时间曲线或原位实测土反力分担比—时间曲线。

1. 表 3.3.1-1 中序号 2 的"上海 25 层框架剪力墙"的原位实测土反力分担比—时间曲线，如图 6.2.2-18 所示。（金宝森，1992.2）

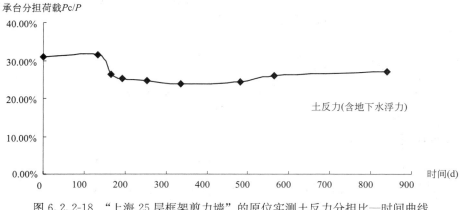

图 6.2.2-18 "上海 25 层框架剪力墙"的原位实测土反力分担比—时间曲线

2. 表 3.3.1-1 中序号 3 的"上海 20 层剪力墙"的原位实测土反力—时间曲线，如图 6.2.2-19 所示。（陈强华，1990.1）

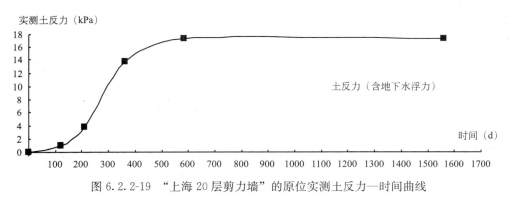

图 6.2.2-19 "上海 20 层剪力墙"的原位实测土反力—时间曲线

3. 表 3.3.1-1 中序号 4 的"上海 12 层剪力墙"的原位实测土反力—时间曲线，如图 6.2.2-20。（贾宗元，1990.2）

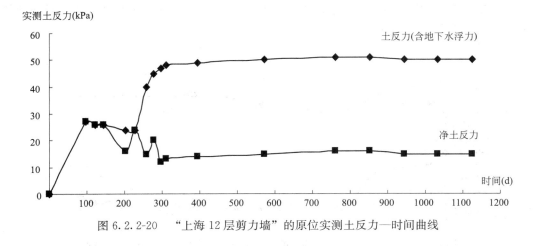

图 6.2.2-20 "上海 12 层剪力墙"的原位实测土反力—时间曲线

135

4. 表 3.3.1-1 中序号 5 的"上海 16 层框架剪力墙"的原位实测土反力分担比—时间曲线，如图 6.2.2-21 所示。（赵锡宏，1989，12）

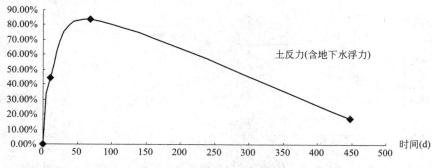

图 6.2.2-21 "上海 16 层框架剪力墙"的原位实测土反力分担比—时间曲线

5. 表 3.3.1-1 中序号 6 的"上海 32 层框架剪力墙"的原位实测土反力（含地下水浮力）分担比—时间曲线，如图 6.2.2-22 所示。（赵锡宏，1989，12）

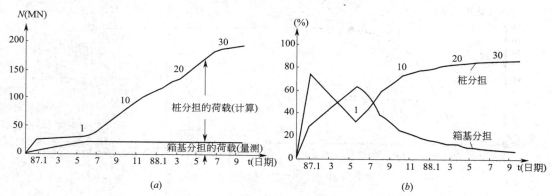

图 6.2.2-22 "上海 32 层框架剪力墙"的原位实测桩、
土反力（含地下水浮力）分担比—时间曲线

6. 表 3.3.1-1 中序号 7 的"上海 26 层框筒"的原位实测土反力分担比—时间曲线，如图 6.2.2-23 所示。（赵锡宏，1989，12）

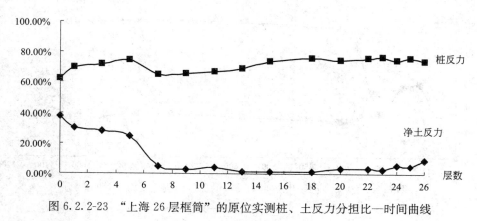

图 6.2.2-23 "上海 26 层框筒"的原位实测桩、土反力分担比—时间曲线

136

7. 表 3.3.1-1 中序号 12 的"上海 60 层框筒"的原位实测土反力—时间曲线，如图 6.2.2-24 所示（戴标兵，2009.7）。"上海 60 层框筒"设 4 层地下室，可归类为"深层地下水"。该工程在 6.25m 厚承台板与 4 层地下室浇筑阶段，实测净土抗力快速增长至 180kPa，此后随着停止基坑降水，20.6m 深地下水回升，实测净土抗力降至 25kPa。由此可见，在实际工程中，"深层地下水"对实测承台土抗力下降速度的影响较大。

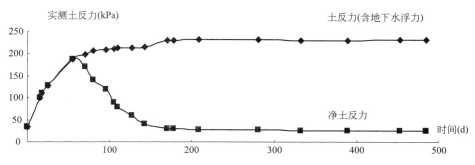

图 6.2.2-24 "上海 60 层框筒"的原位实测土反力—时间曲线

8. 表 3.3.1-1 中序号 25 的"南京 28 层框筒"的原位实测土反力—时间曲线，如图 6.2.2-25 所示。（钟闻华，2003.11）

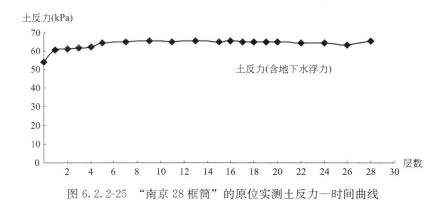

图 6.2.2-25 "南京 28 框筒"的原位实测土反力—时间曲线

9. 表 3.3.1-1 中序号 27 的"苏州 18 层框架 8 桩承台"的原位实测桩、土反力（含地下水浮力）分担比—时间曲线，如图 6.2.2-26 所示。（陈甦，2007.11）

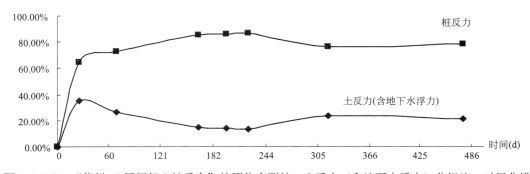

图 6.2.2-26 "苏州 18 层框架 8 桩承台"的原位实测桩、土反力（含地下水浮力）分担比—时间曲线

10. 表 3.3.1-1 中序号 28 的"苏州 18 层框架 9 桩承台"的原位实测桩、土反力（含地下水浮力）分担比—时间曲线，如图 6.2.2-27 所示。（陈甦，2007.11）

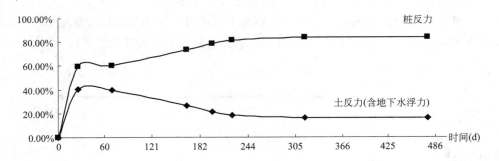

图 6.2.2-27 "苏州 18 层框架 9 桩承台"的原位实测桩、土反力（含地下水浮力）分担比—时间曲线

11. 表 3.3.1-1 中序号 29 的"苏州 18 层框架 40 桩承台"的原位实测桩、土反力（含地下水浮力）分担比—时间曲线，如图 6.2.2-28 所示。（陈甦，2007.11）

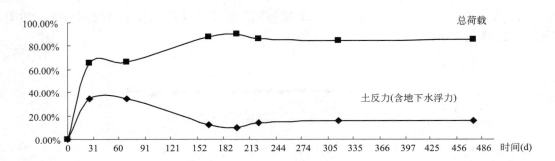

图 6.2.2-28 "苏州 18 层框架 40 桩承台"的原位实测桩、土反力（含地下水浮力）分担比—时间曲线

12. 表 3.3.1-1 中序号，36 的"杭州 22 层框剪"的原位实测土反力（含地下水浮力）分担比—时间曲线，如图 6.2.2-29 所示。（张忠苗，2010.4）

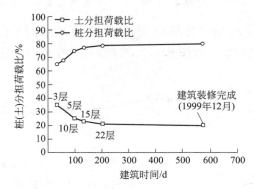

图 6.2.2-29 "杭州 22 层框剪"的原位实测桩、土反力（含地下水浮力）分担比—时间曲线

13. 表 3.3.1-1 中序号 53 的"西安 36 层筒体"的原位实测土反力（含地下水浮力）分担比—时间曲线，如图 6.2.2-30 所示。（齐良锋，2004.5）

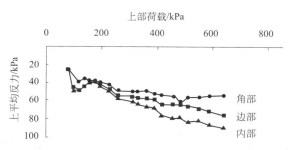

图 6.2.2-30 "西安 36 层筒体"的原位实测土反力（含地下水浮力）—时间曲线

6.2.3 复合地基静载荷试验与实际工程原位实测承台土抗力—总荷载 特性对比

本书第 5 章第 5.3.4 节给出 8 项复合地基原位实测与静载荷试验数据的对比，可以用来进行复合地基静载荷试验与实际工程原位实测承台土抗力—总荷载特性的对比。

1. 表 5.3.4-1 中序号 1 的"南京 19 层"工程静载荷试验实测承台土抗力—总荷载曲线，如图 6.2.3-1 所示。（陶景晖，2009.11）

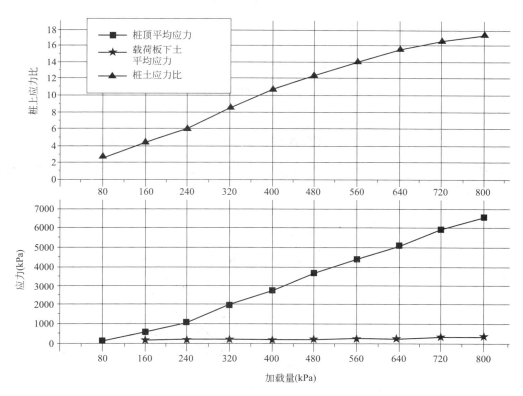

图 6.2.3-1 "南京 19 层"静载荷试验实测承台土抗力—总荷载曲线

2. 表 5.3.4-1 中序号 1 的"南京 19 层"工程原位实测承台土抗力—总荷载曲线，如图 6.2.3-2 所示。（陶景晖，2009.11）

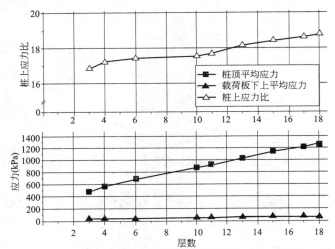

图 6.2.3-2 "南京 19 层"原位实测承台土抗力—总荷载曲线

3. 表 5.3.4-1 中序号 2 的"东莞 20 层"工程静载荷试验实测承台土抗力—总荷载曲线，如图 6.2.3-3 所示。（李希平，2009.9）

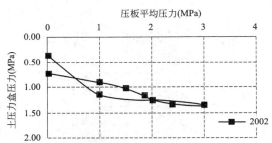

图 6.2.3-3 "东莞 20 层"静载荷试验实测承台土抗力—总荷载曲线

4. 表 5.3.4-1 中序号 3 的"东莞 26 层"工程静载荷试验实测承台土抗力—总荷载曲线见图 6.2.3-4。（李希平，2009.9）

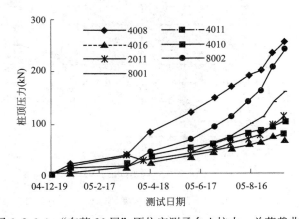

图 6.2.3-4 "东莞 26 层"原位实测承台土抗力—总荷载曲线

5. 表 5.3.4-1 中序号 4 的"广州 11 层"工程静载荷试验实测承台土抗力—总荷载曲

线见图 6.2.3-5。（李希平，2009.9）

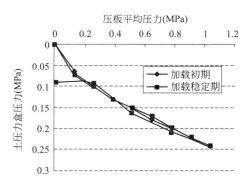

图 6.2.3-5　"广州 11 层"静载荷试验实测承台土抗力—总荷载曲线

6. 表 5.3.4-1 中序号 4 的"广州 11 层"工程静载荷试验实测承台土抗力—总荷载曲线见图 6.2.3-6。（李希平，2009.9）

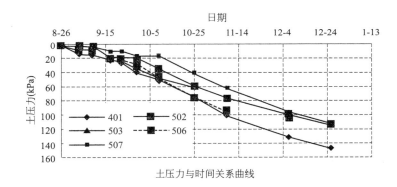

图 6.2.3.6　［广州 11 层］原位实测承台土抗力—总荷载曲线

7. 表 5.3.4-1 中序号 8 的［南充 20 层］工程静载荷试验实测承台土抗力—总荷载曲线见图 6.2.3-7。（陈春霞，2007.12）

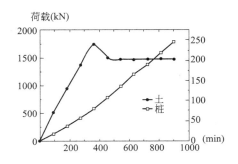

图 6.2.3-7　［南充 20 层］静载荷载试验实测承台土抗力—总荷载曲线

8. 表 5.3.4-1 中序号 8 的［南充 20 层］工程静载荷试验实测承台土抗力—总荷载曲线见图 6.3.3-8。（陈春霞，2007.12）

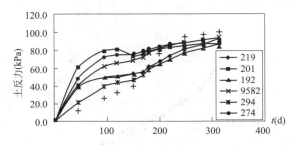

图 6.2.3-8 ［南充 20 层］原位实测承台土抗力—总荷载曲线

6.2.4 探讨

考察大比例模型试验与实际工程加载速率的区别，大比例模型试验整个试验的时间在数十小时以内，相对于实际工程的荷载施加状况，应属于"骤加大荷载的工况"。由此可见大比例模型试验曲线只能反映实际工程中初步受荷状态下的桩土分担关系。

而实际工程的加载速率一般为，基础浇筑完成后到上部结构施工的间歇时间，均远远大于上部结构每层的施工时间。在基础完成后的间歇期间，桩土刚度已经形成，在后续加载期间，荷载就集中于桩体。

因此，除非桩顶发生新的变形（如复合地基、桩顶安装变形调节装置等），或骤加大荷载的工况，承台底土反力一般将保持一个较稳定的水平。

由此可见，大比例模型试验承台底土反力实测结果，很可能只是模拟出实际工程施工初期桩土分担的状态。除非模拟实际工程施工荷载的施加速率，否则大比例模型试验的承台底土反力状况，将始终与实际工程存在着较大的差别。

因此，至少软土地区承台底土位于地下水位以下的疏桩复合桩基的承台土抗力计算，目前尚不应采用《建筑桩基技术规范》提供的承台效应系数，而宜应用各地工程实践所积累的数据。

6.3 盈建科基础设计软件计算复合疏桩基础沉降的疑难

由于盈建科基础设计软件的桩基沉降计算方法中，"上海地基基础规范法"指"不考虑桩径影响的明德林应力公式法"；对桩筏基础建议采用"考虑桩径影响的明德林应力公式法"；还有《建筑桩基技术规范》所提供适用于径距比大于等于 6 倍桩径的疏桩复合桩基沉降计算公式（5.5.14-4）。

本书第 2 章已经通过实际工程的验算，证明疏桩复合桩基沉降计算公式（5.5.14-4）的计算沉降值明显偏于不安全，于是盈建科基础设计软件计算复合疏桩基础的沉降就只有两种方法：

1. 采用"不考虑桩径影响的明德林应力公式法"（简称"上海地基基础规范法"）计算；

2. 采用"考虑桩径影响的明德林应力公式法"计算。

6.3.1 上海徐汇区某小区住宅计算沉降

[案例 6.3.1] 即现行《建筑桩基技术规范》"表 13 软土地基减沉复合疏桩基础计算沉降与实测沉降"中顺位第 7 的工程实例，为上海徐汇区某小区 6 层住宅建筑（1999 年版《上海地基规范》），建筑总面积约 2559m²，上部结构对应于长期效应组合的竖向荷载值为 41600kN。

[案例 6.3.1] 的地基土物理力学性质指标，见表 6.3.1-1。

[案例 6.3.1] 采用沉降控制复合桩基设计。基础外包面积为 471.28m²，承台净面积为 360m²，采用 152 根 200mm × 200mm × 16000mm 微型方桩，单桩极限承载力为 250kN。

[案例 6.3.1] 基础平面图，如图 6.3.1-1 所示。

[案例 6.3.1] 的沉降观测天数为 2202 天（逾 6 年），实测推算最终沉降量为 150mm。桩数—沉降曲线见图 6.3.1-2。

土的物理力学性质指标及承载力表　　　　　表 6.3.1-1

| 层序 | 土的名称 | 物理性质 | | | | 力学性质 | | | 建议采用 | |
| | | | | | | 剪切试验 | | 压缩试验 | 混凝土预制桩 | |
		厚度 h(m)	含水量 ω(%)	重力密度 ρ(g/cm³)	天然孔隙比 e	内摩擦角 ϕ(°)	内聚力 C(kPa)	压缩模量 E_s (MPa)	桩周土摩擦力极限值 q_{sk} (kPa)	桩端土承载力极限值 q_{pk} (kPa)
①	填土	1.20	—	18.0						
②	褐黄色粉质黏土	1.70	32.9	18.8	0.930	14.80	24	4.33	15	—
③	灰色淤泥质粉质黏土	1.60	46.8	17.5	1.290	21.78	13	2.70	15～30	200～500
④	灰色淤泥质黏土	9.10	54.4	16.8	1.518	10.70	10	1.77	45-～55	200～800
⑤-1	灰色黏土夹砂	5.30	39.4	18.0	1.114	17.20	16	3.12	45～65	1500～2500
⑤-2	灰色粉砂夹黏土	7.30	31.8	18.6	0.913	35.70	7	6.61	50～70	2000～3500
⑥	暗绿色粉质黏土	>2.80	23.7	20.1	0.685	27.80	44	6.88	60～80	1500～2500

[案例 6.3.1] 的盈建科基础设计软件"上海地基基础规范法"的计算书见表 6.3.1-2。

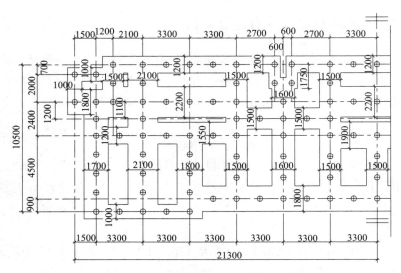

图 6.3.1-1 ［案例 6.3.1］基础平面图

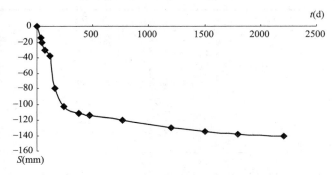

图 6.3.1-2 ［案例 6.3.1］桩数—沉降曲线

盈建科基础设计软件"上海地基基础规范法"计算书　　　　表 6.3.1-2

Q_j	L_j	E_c	A_{ps}		
298.3	16.0	30000	0.0400		
ψ	ΔZ	α			
1.05	1.0	0.118			
压缩层 No.	压缩模量（MPa）	厚度（m）	附加应力（kPa）	土的自重应力（kPa）	压缩量（mm）
(1)	3.52	1.00	51.1	124.8	14.5155
(2)	3.52	0.63	32.7	131.5	5.8559
(3)	6.91	1.00	30.3	138.4	4.3807
(4)	6.91	1.00	27.9	147.2	4.0378
(5)	6.91	1.00	24.6	156.0	3.5653
(6)	6.91	1.00	21.7	164.8	3.1472
(7)	6.91	1.00	21.7	173.6	3.1472
(8)	6.91	1.00	19.2	182.4	2.7766
(9)	6.91	1.00	16.9	191.2	2.4518
	$E'=5.34$	$Z_n=8.63$			$\sum S=43.8780$
					$S=46.0719$

[案例6.3.1]的盈建科基础设计软件"上海地基基础规范法"计算值为46.1mm，与实测推算最终沉降量150mm之比为0.31。

[案例6.3.1]的盈建科基础设计软件"考虑桩径影响的明德林应力公式法"的计算书，见表6.3.1-3。

盈建科基础设计软件"考虑柱径影响的明德林应力公式法"计算书　　表6.3.1-3

ξ_e	Q_j	L_j	E_c	A ps	S_e
0.50	298.3	16.0	30000	0.0400	1.9886
ψ	ΔZ	α			
1.00	1.0	0.118			

压缩层 No.	压缩模量（MPa）	厚度（m）	附加应力（kPa）	土的自重应力（kPa）	压缩量（mm）
（1）	3.52	1.00	51.1	124.8	14.5157
（2）	3.52	0.63	32.7	131.5	5.8561
（3）	6.91	1.00	30.3	138.4	4.3809
（4）	6.91	1.00	27.9	147.2	4.0380
	$E'=4.51$	$Z_n=3.63$			$\sum S=28.7907$ $S=30.7792$

[案例6.3.1]的盈建科基础设计软件"考虑桩径影响的明德林应力公式法"计算值为30.8mm，与实测推算最终沉降量150mm之比为0.21。

6.3.2　上海某小区住宅计算沉降

[案例6.3.2]即现行《建筑桩基技术规范》"表13　软土地基减沉复合疏桩基础计算沉降与实测沉降"中顺位第5的工程实例，为上海某小区6层砖混住宅建筑（刘金砺，2010）。

[案例6.3.2]的地基土物理力学性质指标，见表6.3.2-1。

土的物理力学性质指标及承载力表　　表6.3.2-1

层序	土的名称	厚度 h （m）	压缩模量 E_s （MPa）	桩周土摩擦力极限值 q_{sk}（kPa）	桩端土承载力极限值 q_{pk}（kPa）
②1	粉质黏土夹砂质粉土	2.60	7.99	30	—
②3	砂质粉土	7.70	11.1	35	—
④	淤泥质黏土	2.70	2.56	30	—
⑤1-1	黏土	7.50	3.51	40	1000
⑤1-2	（黏土）	6.00	4.47	—	—
⑥	（粉质黏土）	3.40	7.15	—	—
⑦1	（砂质粉土）	3.60	12.37	—	—
⑦2	（粉细砂）	>1.50	16.22	—	—

[案例6.3.2]上部结构对应于长期效应组合的竖向荷载值为55440kN，基础自重为13406kN。基础外包面积为804.35m²（60.9m×13.2m），基础净面积为744.79m²。$\omega=$

145

0.93。共布置 250 根 200mm×200mm×16000mm 方桩。

［案例 6.3.2］竣工后 3 年实测平均沉降 127mm，沉降已接近稳定。估计实测推算最终沉降量为 130mm 左右。

［案例 6.3.2］基础平面图，如图 6.3.2-1 所示。

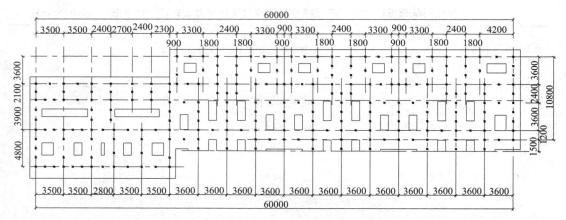

图 6.3.2-1 ［案例 6.3.2］基础平面图

［案例 6.3.2］的盈建科基础设计软件"上海地基基础规范法"的计算书，见表 6.3.2-2。

盈建科基础设计软件"上海地基基础规范法"计算书 表 6.3.2-2

Q_j	L_j	E_c	A_{ps}
281.5	16.0	30000	0.0400
ψ	ΔZ	α	
1.05	1.0	0.081	

压缩层 No.	压缩模量(MPa)	厚度(m)	附加应力(kPa)	土的自重应力(kPa)	压缩量(mm)
(1)	4.30	1.00	48.9	129.8	11.3700
(2)	4.30	1.00	35.4	138.0	8.2440
(3)	4.30	1.00	32.5	146.2	7.5671
(4)	4.30	0.40	31.0	151.9	2.8870
(5)	5.50	1.00	27.6	157.7	5.0199
(6)	5.50	1.00	24.5	165.9	4.4603
(7)	5.50	1.00	24.5	174.0	4.4603
(8)	5.50	1.00	21.8	182.2	3.9554
(9)	5.50	1.00	21.8	190.4	3.9554
(10)	5.50	1.00	19.3	198.6	3.5046
	$E'=4.85$	$Z_n=9.40$			$\sum S=55.4240$
					$S=58.1952$

［案例 6.3.2］的盈建科基础设计软件"上海地基基础规范法"计算值为 58.2mm，与实测推算最终沉降量 130mm 之比为 0.45。

［案例 6.3.2］的盈建科基础设计软件"考虑桩径影响的明德林应力公式法"的计算书，见表 6.3.2-3。

盈建科基础设计软件"考虑桩径影响的明德林应力公式法"计算书　　表 6.3.2-3

ξ_e	Q_j	L_j	E_c	A_{ps}	S_e
0.50	283.5	16.0	30000	0.0400	1.8902
ψ	ΔZ	α			
1.00	1.0	0.081			

压缩层 No.	压缩模量(MPa)	厚度(m)	附加应力(kPa)	土的自重应力(kPa)	压缩量(mm)
(1)	4.30	1.00	48.5	129.8	11.2735
(2)	4.30	1.00	34.9	138.0	8.1172
(3)	4.30	1.00	32.0	146.2	7.4364
(4)	4.30	0.40	30.5	151.9	2.8351
(5)	5.50	1.00	27.1	157.7	4.9243
	$E'=4.47$	$Z_n=4.40$			$\sum S=34.5865$
					$S=36.4767$

[案例 6.3.2] 的盈建科基础设计软件"考虑桩径影响的明德林应力公式法"计算值为 30.5mm，与实测推算最终沉降量 130mm 之比为 0.28。

6.3.3　上海宝山区某小区住宅（A）

上海宝山区某住宅小区有两个上部结构相同、采用不同长度微型桩的常规桩基与沉降控制复合疏桩基础案例（[案例 6.3.3] 与 [案例 6.3.4]）。

[案例 6.3.3] 与 [案例 6.3.4]（李韬，2004）的地基土物理力学性质指标，见表 6.3.3-1。

土的物理力学性质指标及承载力表　　表 6.3.3-1

层序	土的名称	厚度 h(m)	重力密度 ρ(kN/m³)	静力触探 P_s(MPa)	压缩模量 E_s(MPa)	预制桩 桩周土摩擦力极限值 f_s(kPa)	预制桩 桩端土承载力极限值 f_p(kPa)
①	填土	1.1	18.0	—	—		
②1	粉质黏土	0.7	18.7	0.88	4.80	15	—
②2	粉质黏土夹	1.6	18.3	0.77	5.42	15	—
②3	砂质粉土夹	1.4	18.6	2.07	10.91	15	—
③	淤泥质 粉质黏土	2.2	17.6	0.46	3.16	15/22	—
④	淤泥质黏土	7.3	16.7	0.56	2.17	26	—
⑤	暗绿色 粉质黏土	5.0	19.5	2.22	10.00	65	1700
⑥1	砂质粉土	6.9	18.9	4.76	18.00	70	4000
⑥2	细砂	5.1	18.9	9.66	22.00	—	—
⑦1	粉质黏土	9.1	17.9	2.73	6.00		

[案例 6.3.3] 为上海宝山区某住宅小区 7 层框架结构住宅，上部结构对应于长期效应组合的竖向荷载值为 84273kN。

承台外包面积约为 798m²（64.5m×11.1m），承台梁宽 600mm，承台净面积约为 263m²。ω ＝0.33。共布置 112 根 300mm×300mm×20000mm 方桩。基础埋深 1.95m。

[案例 6.3.3] 基础平面图，如图 6.3.3-1 所示。

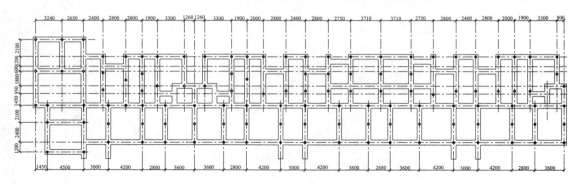

图 6.3.3-1　[案例 6.3.3] 基础平面图

[案例 6.3.3] 结构封顶后 5 个月（427 天）实测平均沉降 20mm 左右，尚未达到沉降停测标准。估计实测推算最终沉降量不超过 50mm 左右。

[案例 6.3.3] 的盈建科基础设计软件"上海地基基础规范法"的计算书，见表 6.3.3-2。

盈建科基础设计软件"上海地基基础规范法"计算书　　　　　表 6.3.3-2

Q_j	L_j	E_c	A_{ps}		
269.8	20.0	30000	0.0900		
ψ	ΔZ	α			
1.05	1.0	0.269			

压缩层 No.	压缩模量（MPa）	厚度（m）	附加应力（kPa）	土的自重应力（kPa）	压缩量（mm）
(1)	18.00	1.00	61.7	169.2	3.4283
(2)	18.00	1.00	18.4	178.3	1.0248
(3)	18.00	1.00	13.6	187.4	0.7533
	$E'=18.00$	$Z_n=3.00$			$\sum S=5.2063$
					$S=5.4666$

[案例 6.3.3] 的盈建科基础设计软件"上海地基基础规范法"计算值为 5.5mm，与实测推算最终沉降量 50mm 之比为 0.11。

[案例 6.3.3] 的盈建科基础设计软件"考虑桩径影响的明德林应力公式法"的计算书，见表 6.3.3-3。

盈建科基础设计软件"考虑桩径影响的明德林应力公式法"计算书　　表 6.3.3-3

ξ_e	Q_j	L_j	E_c	A_{ps}	S_e
0.50	299.3	20.0	30000	0.0900	1.1086
ψ	ΔZ	α			
1.00	1.0	0.269			

压缩层 No.	压缩模量（MPa）	厚度（m）	附加应力（kPa）	土的自重应力（kPa）	压缩量（mm）
(1)	18.00	1.00	61.7	169.2	3.4269
(2)	18.00	1.00	17.9	178.3	0.9938
	$E'=18.00$	$Z_n=2.00$			$\sum S=4.4207$
					$S=5.5293$

[案例6.3.3] 的盈建科基础设计软件"考虑桩径影响的明德林应力公式法"计算值为5.5mm，与实测推算最终沉降量50mm之比为0.11。

6.3.4 上海宝山区某小区住宅（B）

与 [案例6.3.3] 位于上海宝山区同一住宅小区的 [案例6.3.4]，为7层框架结构住宅，上部结构对应于长期效应组合的竖向荷载值为102750kN。

承台外包面积约为798m²（66.22m×12.05m），承台净面积为623m²。$\omega = 0.78$。共布置287根200mm×200mm×16000mm方桩。基础埋深2.65m。

[案例6.3.4] 基础平面图，如图6.3.4-1所示。

[案例6.3.4] 结构封顶后5个月（427天）实测平均沉降15mm左右，尚未达到沉降停测标准。估计实测推算最终沉降量不超过40mm左右。

[案例6.3.4] 的时间—沉降曲线，如图6.3.4-2所示。

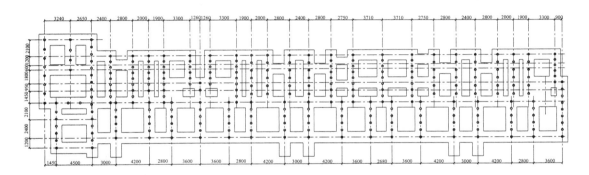

图6.3.4-1 [案例6.3.4] 基础平面图

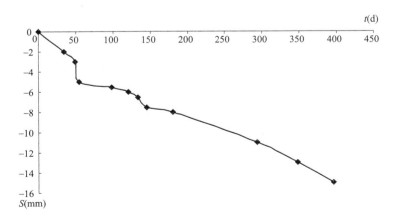

图6.3.4-2 [案例6.3.4] 时间—沉降曲线

[案例6.3.4] 的盈建科基础设计软件"上海地基基础规范法"的计算书，见表6.3.4-1。

盈建科基础设计软件"上海地基基础规范法"计算书　　　表 6. 3. 4-1

Q_j	L_j	E_c	A_{ps}		
104.5	16.0	30000	0.0400		
ψ	ΔZ	α			
1.05	1.0	0.000			
压缩层 No.	压缩模量(MPa)	厚度(m)	附加应力(kPa)	土的自重应力(kPa)	压缩量(mm)
(1)	10.00	1.00	16.4	132.3	1.6372
(2)	10.00	0.35	14.6	138.9	1.5102
(3)	18.00	1.00	13.7	145.1	0.7628
	$E'=12.10$	$Z_n=2.35$			$\sum S=2.9103$
					$S=3.0558$

［案例 6.3.4］的盈建科基础设计软件"上海地基基础规范法"计算值为 3.1mm，与实测推算最终沉降量 40 mm 之比为 0.08。

［案例 6.3.4］的盈建科基础设计软件"考虑桩径影响的明德林应力公式法"的计算书，见表 6.3.4-2。

盈建科基础设计软件"考虑桩径影响的明德林应力公式法"计算书　　表 6. 3. 4-2

ξ_e	Q_j	L_j	E_c	A_{ps}	S_e
0.50	103.8	16.0	30000	0.0400	0.6917
ψ	ΔZ	α			
1.00	1.0	0.000			
压缩层 No.	压缩模量(MPa)	厚度(m)	附加应力(kPa)	土的自重应力(kPa)	压缩量(mm)
(1)	10.00	1.00	15.6	132.3	1.5605
	$E'=10.00$	$Z_n=1.00$			$\sum S=1.5605$
					$S=2.2522$

［案例 6.3.4］的盈建科基础设计软件"考虑桩径影响的明德林应力公式法"计算值为 2.3mm，与实测推算最终沉降量 40mm 之比为 0.06。

6.3.5　上海宝山区某底框住宅计算沉降

［案例 6.3.5］（林柏，2010）为上海宝山区某六层底层框架商住楼，南北 2 幢住宅之间为单层商场。拟建场地在地面以下存在厚约 3m 的砂质粉土，其下为 10m 左右的淤泥质土与黏土，暗绿色粉质黏土硬土层距地面约 20m。

［案例 6.3.5］地基土物理力学性质指标，见表 6.3.5-1。

地基土的物理力学性质指标　　　表 6. 3. 5-1

层序	土的名称	物理性质					力学性质				原位测试
		厚度	含水量	密度	天然孔隙比	塑性指数	剪切试验		压缩试验		比贯入阻力
							内摩擦角	内聚力	压缩模量	压缩系数	
		h(m)	ω(%)	ρ (g/cm^3)	e	I_p	ϕ(°)	C (kPa)	E_s (MPa)	a^{1-2} (MPa^{-1})	P_s(MPa)
1	填土	1.6	—	—	—	—	—	—	—	—	—
2	粉质黏土	1.8	26.6	19.5	0.78	14.3	20.0	17.0	6.19	0.31	1.08
3-1	砂质粉土	3.0	30.0	19.1	0.84	—	27.3	4.2	7.69	0.24	1.59

续表

层序	土的名称	物理性质					力学性质				原位测试
		厚度	含水量	密度	天然孔隙比	塑性指数	剪切试验		压缩试验		比贯入阻力
							内摩擦角	内聚力	压缩模量	压缩系数	
		h(m)	ω(%)	ρ (g/cm³)	e	I_p	ϕ(°)	C (kPa)	E_s (MPa)	a^{1-2} (MPa⁻¹)	P_s(MPa)
3-2	淤泥质粉质黏土	1.8	40.4	17.7	1.16	4.2	9.0	10.0	2.56	0.77	0.52
4	淤泥质黏土	5.8	50.4	16.9	1.44	9.7	7.0	10.0	1.71	1.35	0.52
5-1	黏土	3.1	40.8	17.8	1.17	19.3	7.0	13.3	2.42	0.85	0.64
5-2	粉质黏土	3.0	32.6	18.4	0.97	14.8	11.8	13.3	3.66	0.52	0.7
6	暗绿色粉质黏土	5.9	23.8	20.1	0.69	17.8	21.0	40.2	8.4	0.22	2.45
7	砂质粉土	4.6	29.1	19.4	0.79	—	26.7	6.4	12.16	0.17	—
8	粉质黏土	>4.7	38.9	18.0	1.11	15.9	13.8	15.7	4.15	0.49	—

［案例6.3.5］以第6层暗绿色粉质黏土层作为复合桩基桩端持力层,采用0.25m×0.25m×20m微型桩,共135根桩。

［案例6.3.5］基础平面图,如图6.3.5-1所示。

［案例6.3.5］结构封顶后因故停工5个月,因此沉降观测时间较长。建成后情况理想,

［案例6.3.5］南楼时间—沉降曲线,如图6.3.5-2所示。

［案例6.3.5］南楼上部结构总重56000kN,基础自重17120kN,基础外包尺寸58.0m×13.3m,基础净面积464.5m²,面积系数ω=0.60。基础埋深1.7m。共73根0.25×0.25×20m方桩。

［案例6.3.5］南楼实测推算最终沉降60mm。

［案例6.3.5］南楼的盈建科基础设计软件"上海地基基础规范法"的计算书,见表6.3.5-2。

盈建科基础设计软件"上海地基基础规范法"计算书　　　　表6.3.5-2

Q_j	L_j	E_c	A_{ps}
873.7	20.0	30000	0.0625
ψ	ΔZ	α	
1.05	1.0	0.140	

压缩层 No.	压缩模量(MPa)	厚度(m)	附加应力(kPa)	土的自重应力(kPa)	压缩量(mm)
(1)	13.76	1.00	130.5	171.9	9.4827
(2)	13.76	1.00	51.7	182.2	3.7563
(3)	13.76	1.00	34.9	192.5	2.5362
(4)	13.76	1.00	29.3	202.8	2.1301
(5)	13.76	0.30	21.4	209.5	0.4656
(6)	16.57	1.00	21.4	215.8	1.2887
	E'=13.94	Z_n=5.30			$\sum S$=19.6596
					S=20.6426

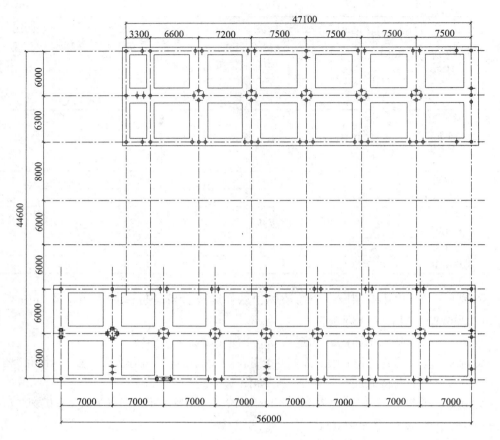

图 6.3.5-1 ［案例 6.3.5］基础平面图

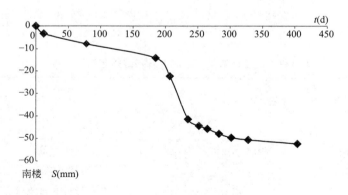

见图 6.3.5-2 ［案例 6.3.5］南楼时间—沉降曲线

［案例 6.3.5］南楼的盈建科基础设计软件"上海地基基础规范法"计算值为 20.6 mm，与实测推算最终沉降量 60mm 之比为 0.34。

［案例 6.3.5］南楼的盈建科基础设计软件"考虑桩径影响的明德林应力公式法"的计算书，见表 6.3.5-3。

盈建科基础设计软件"考虑桩径影响的明德林应力公式法"计算书   表 6.3.5-3

ξ_e	Q_j	L_j	E_c	A_{ps}	S_e		
0.50	874.7	20.0	30000	0.0625	4.6653		
ψ	ΔZ	α					
1.00	1.0	0.140					
压缩层 No.	压缩模量(MPa)	厚度(m)		附加应力(kPa)	土的自重应力(kPa)		压缩量(mm)
(1)	13.76	1.00		130.6	171.9		9.4886
(2)	13.76	1.00		51.7	182.2		3.7550
(3)	13.76	1.00		34.9	192.5		2.5349
$E'=13.76$		$Z_n=3.00$					$\sum S=15.7785$
							$S=20.4439$

[案例 6.3.5] 南楼的盈建科基础设计软件"考虑桩径影响的明德林应力公式法"计算值为 20.4mm，与实测推算最终沉降量 60mm 之比为 0.34。

[案例 6.3.5] 北楼时间—沉降曲线，如图 6.3.5-3 所示。

[案例 6.3.5] 北楼上部结构总重 47000kN，基础自重 9820 kN，基础外包尺寸 48.6m×13.3m，基础净面积 380.4m²，面积系数 $\omega=0.59$。基础埋深 1.7m。共 62 根 0.25m×0.25m×20m 桩。

[案例 6.3.5] 北楼实测推算最终沉降 50mm。

[案例 6.3.5] 北楼的盈建科基础设计软件"上海地基基础规范法"的计算书，见表 6.3.5-4。

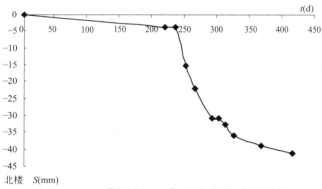

北楼 S(mm)   图 6.3.5-3 [案例 6.3.5] 北楼时间—沉降曲线

盈建科基础设计软件"上海地基基础规范法"计算书   表 6.3.5-4

Q_j	L_j	E_c	A_{ps}			
921.6	20.0	30000	0.0625			
ψ	ΔZ	α				
1.05	1.0	0.140				
压缩层 No.	压缩模量(MPa)	厚度(m)	附加应力(kPa)	土的自重应力(kPa)		压缩量(mm)
(1)	13.76	1.00	137.3	171.9		9.9788
(2)	13.76	1.00	54.2	182.2		3.9365
(3)	13.76	1.00	36.4	192.5		2.6441
(4)	13.76	1.00	30.5	202.8		2.2130
(5)	13.76	0.30	22.0	209.5		0.4802
(6)	16.57	1.00	22.0	215.8		1.3292
(7)	16.57	1.00	22.0	225.4		1.3292
	$E'=14.10$	$Z_n=6.30$				$\sum S=21.9110$
						$S=23.0066$

[案例 6.3.5] 北楼的盈建科基础设计软件"上海地基基础规范法"计算值为 23.0 mm，与实测推算最终沉降量 50mm 之比为 0.46。

[案例 6.3.5] 北楼的盈建科基础设计软件"考虑桩径影响的明德林应力公式法"的计算书，见表 6.3.5-5。

盈建科基础设计软件"考虑桩径影响的明德林应力公式法"计算书　　表 6.3.5-5

ξ_e	Q_j	L_j	E_c	A_{ps}	S_e	
0.50	923.8	20.0	30000	0.0625	4.9267	
ψ	ΔZ	α				
1.00	1.0	0.140				
压缩层 No.	压缩模量（MPa）	厚度（m）	附加应力（kPa）	土的自重应力（kPa）	压缩量（mm）	
(1)	13.76	1.00	137.1	171.9	9.9612	
(2)	13.76	1.00	53.7	182.2	3.9021	
(3)	13.76	1.00	35.9	192.5	2.6067	
$E'=13.76$	$Z_n=3.00$				$\sum S=16.4700$	
					$S=21.3967$	

[案例 6.3.5] 北楼的盈建科基础设计软件"考虑桩径影响的明德林应力公式法"计算值为 21.4mm，与实测推算最终沉降量 50mm 之比为 0.43。

6.3.6　盈建科基础设计软件计算复合疏桩基础沉降的疑难之探讨

盈建科基础设计软件计算复合疏桩桩基的基本原理是《建筑桩基技术规范》式 (5.5.14-1)，但《建筑桩基技术规范》并未给出验证该式的工程实例，以及有关的沉降计算经验系数。

现以上海 6 例有沉降实测资料的复合疏桩桩基，采用盈建科基础设计软件计算沉降，并与实测沉降对比，试图找出规律，供工程应用。这 6 例复合疏桩桩基的盈建科基础设计软件计算沉降与实测沉降值的对比，见表 6.3.6-1。

盈建科基础设计软件计算沉降与实测沉降值的对比　　表 6.3.6-1

序号	案例名称	实测沉降① （mm）	上海地基基础规范法② （mm）	考虑桩径影响的明德林应力解法③ （mm）	②/①	③/①
1	上海徐汇区某小区住宅	150	46.1	30.8	0.31	0.21
2	上海某小区住宅	130	58.1	36.5	0.45	0.28
3	上海宝山区某小区 A 楼	50	5.5	5.5	0.11	0.11
4	上海宝山区某小区 B 楼	40	3.1	2.3	0.08	0.06
5	上海宝山区某底框南楼	60	20.6	20.4	0.34	0.34
6	上海宝山区某底框北楼	50	23.0	21.4	0.46	0.43
	平均				0.29	0.23

由表 6.3.6-1 可知，共 6 项案例，无一例案例计算沉降的保证率达到 80% 的标准，且均远偏于不安全。这说明盈建科基础设计软件计算复合疏桩桩基的方法，计算结果均不可靠。

计算值明显偏小的原因之一，与盈建科基础设计软件将沉降计算范围限定在 0.6 倍桩以内，以致大量桩位于沉降计算范围以外有关。

而盈建科基础设计软件"上海地基基础规范法"的计算结果，与"不考虑桩径影响的明德林应力解法"手算结果的差别，根本原因在于盈建科基础设计软件的秘而不宣的有关设定，因此难以修正。

6.4　　小　　　　结

由于复合疏桩桩基一般需要有较大的沉降量，随着对建筑物沉降要求的提高，且这类工程沉降计算方法至今尚未完全成熟，因此复合疏桩桩基的应用呈现日益减少的趋势。

主裙楼连体桩基工程为了调整主楼与裙楼、纯地下室之间的沉降差，可采用 2 种方法：一种方法是将裙楼与纯地下室的桩端置于较软弱土层，这种方法对沉降计算方法保证率的要求很高；另一种方法是采用桩端置于较硬土层的复合疏桩桩基。

基础设计软件一般均提供可计算复合疏桩桩基沉降的方法，这就牵涉到复合疏桩桩基沉降计算的保证率问题，因此需要进行探讨。复合疏桩桩基沉降计算还牵涉到《建筑桩基技术规范》所给出复合疏桩桩基土反力的取值问题，这对这类基础底板内力计算有较大影响，也需要进行探讨。

由本章的探讨可知：

1. 复合疏桩基础承台底土抗力计算值与实测值之比为 1.77～13.33，计算值明显偏大。大比例群桩现场试验承台底土反力的实测结果，只是模拟出软土地区实际工程施工初期桩土分担的状态。

2. 盈建科基础设计软件"考虑桩径影响的明德林应力公式法"的计算结果与实测值之比平均为 0.23，明显偏于不安全，且计算结果难以修正。

7. 盈建科基础设计软件计算天然地基的疑难与探讨

7.1 引　言

由工程实践，盈建科基础设计软件计算天然地基基础的主要疑难有以下几点：

1. 如何考虑实际沉降对主裙楼连体天然地基基础计算内力的影响。

2. 天然地基基础的实测内力与计算值的关系。

3. 独基（墩）—构造板（防水板）的板底土反力为零的假定，是否符合实际。

本章第2节通过对盈建科基础设计软件计算天然地基基础的"文克尔变形"，与工程实例实际沉降的对比，对第1点疑难进行初步探讨。并通过北京4例、青岛1例主裙连体天然地基工程实测沉降的数据，探讨了这类工程考虑实际沉降对主裙楼连体天然地基基础计算内力影响的必要性。

本章第3节提供了南京、河南、北京、陕西、上海、沈阳、广东、甘肃等地，共22例多层与高层天然地基基础的原位实测钢筋应力，并对实测值与计算值的巨大差异进行初步探讨。

本章第4节通过辽宁地区2例墩基—构造板基础与独基—构造板基础的原位实测板底土反力数据，对独基—构造板（防水板）的板底土反力为零的假定，提出疑问与建议。

7.2 天然地基弹性地基梁板计算的沉降基床系数与位移基床系数

天然地基弹性地基梁板内力的计算关键是基床反力系数，基床反力系数 K 值的计算方法有：静载试验法、经验值法（即盈建科基础设计软件说明书中建议的 K 值）与按基础平均计算沉降反算 K 值法。

上述3种方法所得基床反力系数实际上可以分为"位移基床系数"与"沉降基床系数"两类，静载试验法与经验值法都属于"位移基床系数"。一般来说，"位移基床系数"与"沉降基床系数"的数值大小，不在同一个级别，因此同一工程分别由"位移基床系数"与"沉降基床系数"计算所得的内力，就可能相差很多。

如上海软土地区的天然地基，"位移基床系数"与"沉降基床系数"之比一般为6.0～13.0。因此采用盈建科基础设计软件说明书中建议的"位移基床系数" K 值，计算所得天然地基弹性地基梁板的"弹性地基梁竖向位移曲线图"中的"竖向位移"，与"底板沉降计算结果"并没有任何直接联系。

但在工程实践中仍常出现将"位移基床系数"误认作"沉降基床系数"的现象。如对于大底盘多塔高层建筑天然地基筏板的计算，采用统一的"位移基床系数"，并由计算所得的"弹性地基梁竖向位移曲线图"，认为主楼与外扩纯地下室之间的沉降差很小，可以忽略不计。

其实一旦选定"位移基床系数"后，就是提前锁定了该工程的"竖向位移"，此后所谓"沉降"与"沉降差"计算（实际上是"位移"与"位移差"计算），就变成了既定结果的"循环论证"。

尤其是对于主裙连体天然地基基础工程，实测数据表明主楼与裙楼间存在有沉降差，而且有的还较大。表7.2-1为北京、青岛、昆明等地区12项主裙连体天然地基基础工程的实测沉降差资料，可供参考。

主裙连体天然地基基础工程实测沉降差

表 7.2-1

序号	工 程 名 称	主楼 （层数）	裙楼 （层数）	实测最大沉降量 （mm）	主裙楼实测最大差异沉降 （mm）	文献作者名
1	北京某大厦	40	4	102	84.8(底板裂穿)	张雁,2009.11
2	北京中信国际大赛	26	（无）	105	20	
3	北化东四环项目西区	18	2	—	42	
4	北化东四环项目南区	14	4	—	38	
5	北京城乡贸易中心	28	3	48	46.4	赵锡宏,1999.1
6	北京饭店	17	—	110	100	
7	北京西苑饭店	29	3	35	30	
8	青岛中银大厦	53	4	74.3	27	陈祥福,2005.3
9	北京某办公楼	18	1	23	14	董建国,1997.9
10	北京国际饭店	31	3	70	17	
11	昆明工人文化宫	18	2	—	11	
12	某高层公寓	17	（无）	96	66	秋仁东,2013.10
13	天津三里多高层住宅	15	0	187	17	宰金珉,1993.2

表7.2-1中序号1的北京某大厦建成初期，0.8m厚底板已裂穿。建成后2年的实测沉降，如图7.2-1所示。

7.3 天然地基筏板原位实测钢筋应力及初步探讨

本节检索到的河南、西安、沈阳、北京、上海、广东、甘肃等地的天然地基筏板原位实测钢筋应力的资料，共有22例，见表7.3-1。

国内天然地基筏板原位实测钢筋应力

表 7.3-1

序号	工程名称	地下层数	持力层名称	筏板厚度 （mm）	实测沉降 （mm）	最大钢筋拉应力 （MPa）	最大钢筋压应力 （MPa）	文献作者名
1	南京7层	—	人工填土	300	45	31.5	无	钟闻华,2002.3
2	南京28层	2	软质基岩	2000	6～7	45	10～30	杨洁啸,2002.3
3	河南10层	1	黏质粉土	400	8.9	39.2	—	习学优,1988.5
4	河南11层	1	粉土	800	26.1		84.6	张萌,2014.5
5	河南16层	1	—	—	307.8	（很小）	（很小）	董建国,1997
6	北京10层	1	—	—	20.8	26.3		

续表

序号	工程名称	地下层数	持力层名称	筏板厚度（mm）	实测沉降（mm）	最大钢筋拉应力（MPa）	最大钢筋压应力（MPa）	文献作者名
7	北京 12 层	1	—	—	11.4	20.8	—	
8	北京 10 层	2	—	—	—	30.0	—	董建国，1997
9	北京某大楼	1	—	—	—	（均为拉应力）	—	
10	北京 17 层	1	—	—	53.9	17.0	—	
11	北京 12 层	2	重砂质粉土	700	30	（大部分为压应力）	118.8	赵锡宏，1990.3
12	陕西 13 层	2	黄土	500	31.4	32.7	—	董建国，1986.2
13	上海 12 层 A	1	—	500	160	9.0	—	
14	上海 12 层 B	1	—	—	120	10.0	—	
15	上海 10 层	1	淤泥质黏土	—	>350	9.0	—	张文清，1980.1
16	上海 12 层	2	砂质粉土	500	240	10.8	—	
17	沈阳 22 层	2	—	2200	13.9	24.2	—	李纯，2009.7
18	沈阳 5 层	1	—	—	—	67.6	—	李纯，2006.4
19	沈阳 9 层	1	砾砂	600	8.9	29.7	22.7	刘忠昌，1995.2
20	沈阳某高塔	—	圆砾	2500	21.35	65	65	刘忠昌，1992.8
21	广东 14 层	2	—	—	—	—	—	王恒新，1992.8
22	兰州 31 层	3	强风化砂岩	1600	20	148.6	10.6	张玉星，2014.6

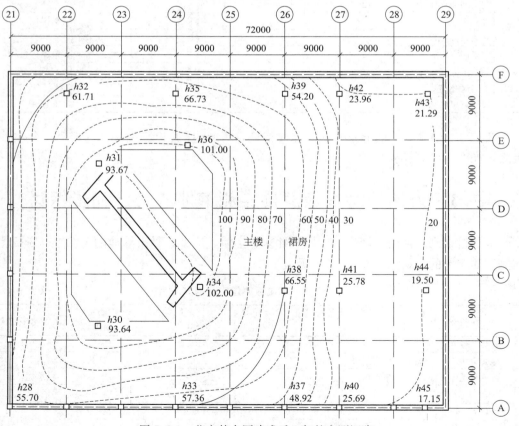

图 7.2-1　北京某大厦建成后 2 年的实测沉降

关于天然地基基础底板原位实测钢筋应力远小于设计值的问题，有关资料也作了深入的探讨，大致情况如下：

1. 有不少实测结果证实，地基反力向柱下、墙下集中，其结果是底板的弯矩有所下降，钢筋的应力也随之减少。

2. 大量的实测结果表明，大部分基础底板钢筋的应力水平很低，根据变形协调原则换算的受拉区混凝土并未开裂，与钢筋一起抗拉。

3. 上部结构刚度的存在极大地改善了基础的受力性态，使基础的整体弯曲大为减小，从而有效地降低了基础底板的内力。

4. 基础梁（板）未按双筋受弯构件进行计算。

但在有关规范未进行重大修改前，尚不宜仅根据原位实测结果就大幅度折减基础梁（板）的计算内力。

因为由目前检索到的天然地基基础内力原位实测资料看，对于基础发生开裂现象的工程并未进行基础内力的原位实测。而在某种意义上，发生事故工程原位检测资料的价值，远远超过正常工程的原位检测数据。关键是这些资料可以划出一道不能逾越的"红线"。

如表 7.2-1 中序号 1 的北京某大厦天然地基筏基，建成初期底板已经开裂。但未能检索到该工程是否进行过基础钢筋应力的原位检测，尤其是底板开裂部位的原位监测的资料。因此该工程检测资料的价值就失色了不少。

7.4 独基—构造板（防水板）的实测土反力及构造板荷载取值初步探讨

盈建科用户手册及技术条件对于独基—构造板（防水板）基础计算模式的定义为：只承担本身自重、覆土重、附加面荷载及地下水浮力，不承担任何上部结构荷载，进行构造板内力计算。

但由工程原理看，即使构造板下设置聚苯板等软垫层，当刚浇筑构造板混凝土、钢筋混凝土强度为零时，构造板自重仍然将通过压缩软垫层，传递至地基土。而构造板钢筋混凝土强度形成后软垫层的回弹，能否使得构造板底土反力消失，尚未得到原位实测数据的证实。

根据协同工作原理，由有限元程序计算设置 $0 \sim 200mm$ 厚聚苯板垫层的独基—构造板基础（胡笑笑，2013），可以发现构造板底土反力的减小幅度不足 10%。因此不考虑构造板底土反力的构造板内力计算，就可能偏于不安全。尚未检索到设置聚苯板垫层独基—构造板基础的板底土反力原位实测资料。不设置聚苯板垫层独基—构造板基础的板底土反力原位实测资料也不多见，现提供检索到的 2 例独基（墩基）—构造板基础。

1. ［案例 7.4.1］为辽宁某 15 层大楼（张布荣，1997），上部为框架—剪力墙结构，1 层地下室，埋深 5.7m。地下水位为地面以下 13m。

［案例 7.4.1］地基土物理力学性质指标，见表 7.4-1。

				表 7.4-1
层序	土的名称	厚度 h（m）	压缩模量 E_S（MPa）	地基土承载力特征值 f_{ak}（kPa）
1	粉质黏土	2.3	6.0	200
2	中粗砂	2.7	20.0	260
3	砾砂	1.5	30.0	350
4	淤泥质土	2.1	3.0	100
5	砾砂	8.6	30.0	350
6	粉质黏土	1.3	6.0	200
7	砾砂	未穿	30.0	350

地基土物理力学性质指标

2. ［案例 7.4.1］采用墩基—构造板基础。构造板厚 0.4m，持力层为中粗砂；墩基高 3.0m，穿过淤泥质土，持力层为中粗砂。

［案例 7.4.1］基础平面示意图（局部）见图 7.4-1。

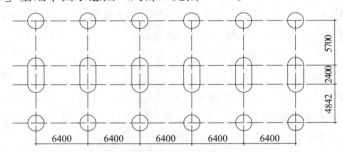

图 7.4-1 ［案例 7.4.1］基础平面示意图（局部）

［案例 7.4.1］在墩基底与构造板底埋设 33 只土压力盒。

［案例 7.4.1］原位实测构造板底土反力—时间曲线，如图 7.4-2 所示。

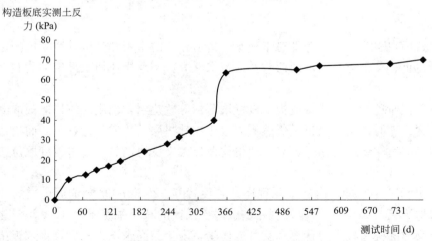

图 7.4-2 ［案例 7.4.1］原位实测构造板底土反力—时间曲线

由图 7.4-2 可知，［案例 7.4.1］主体结构封顶后 14 个月后的原位实测构造板底平均土反力（无地下水浮力）为 61.4 kPa，墩基以外部分实测最小土反力为 40 kPa，最大土反力为 90 kPa。

［案例 7.4.1］原位实测构造板荷载分担比例—时间曲线，如图 7.4-3 所示。

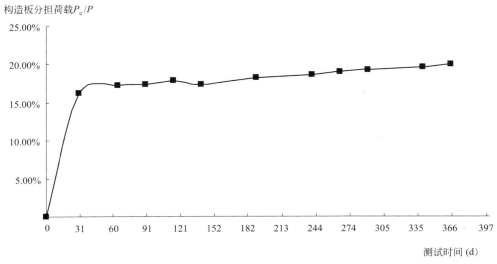

图 7.4-3 ［案例 7.4.1］原位实测构造板荷载分担比例—时间曲线

由图 7.4-3 可知，［案例 7.4.1］主体结构封顶时的原位实测构造板荷载分担比例为 20.1%。

［案例 7.4.2］为辽宁某 4 层大楼（阎瑞明，2003），上部为框架结构，1 层地下室，埋深 7.6m。地下水位为地面以下 6.6m。

［案例 7.4.2］地基土物理力学性质指标，见表 7.4-2。

地基土物理力学性质指标　　　　　　　　　　　表 7.4-2

层序	土的名称	厚度 h(m)	地基土承载力特征值 f_{ak}(kPa)	层序	土的名称	厚度 h(m)	地基土承载力特征值 f_{ak}(kPa)
1	杂填土	2.7	—	3	中粗砂	2.1	—
2	粉土	0.5	—	4	砾砂	未穿	420

［案例 7.4.2］采用独基—构造板基础，独立基础高 1.5m，独立基础与构造板的持力层均为砾砂。

［案例 7.4.2］基础平面示意图（局部），如图 7.4-4 所示。

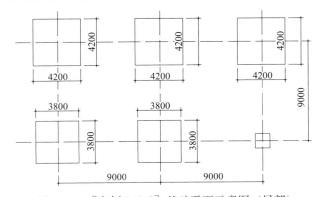

图 7.4-4 ［案例 7.5.2］基础平面示意图（局部）

在独基底与构造板底埋设 39 只土压力盒。

［案例 7.4.2］原位实测构造板底土反力—时间曲线见图 7.4-5。

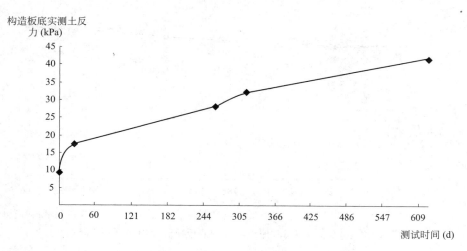

图 7.4-5　［案例 7.4.2］原位实测构造板底土反力—时间曲线

［案例 7.4.2］的主体结构封顶时的原位实测构造板底土反力平均值为 41.4 kPa，净土反力平均值为 31.4 kPa；独立基础以外部分实测最小土反力为 8.5 kPa，最大土反力为 93 kPa。

荷载分担比例为 32.0%（含地下水浮力）与 24.3%（不含地下水浮力）。

7.4.1　独基（墩基）—构造板实测土反力的特点与初步探讨

由理论分析可知构造板土反力的取值，应与上部结构的跨度、地基土承载力、独立基础与构造板的刚度比等有关，较复合桩基的情况更复杂。因此目前尚不能提供有说服力的意见。

以［案例 7.4.1］与［案例 7.4.2］为例，两项工程实例均位于辽宁同一城市，独立基础与构造板的持力层砾砂的地基土承载力较接近（分别为 350 与 420 kPa），两者最大的区别是柱距以及独立基础与构造板的刚度比，因此可以进行粗略的比较。

［案例 7.4.1］为 15 层框剪结构，柱距为 6.4×5.7m（中间双柱为联合墩基），边墩为直径 2m 的圆柱形，中墩为直径 2.7×2m 的椭圆柱形。实测构造板底平均净土反力为 61.4 kPa，净土反力/地基土承载力＝61.4/350＝0.175；结构封顶时的原位实测构造板荷载分担比例为 20.1%。

［案例 7.4.2］为 4 层框架结构，柱距为 9.0×9.0m，独立基础尺寸为 3.8×3.8m 与 4.2×4.2m。实测构造板底平均净土反力为 31.4 kPa，净土反力/地基土承载力＝31.4/420＝0.075；结构封顶时的原位实测构造板荷载分担比例为 24.3%。

由［案例 7.4.1］与［案例 7.5.2］两例原位实测构造板底土反力数据看，上部结构层数的多少对构造板底平均土反力没有太大影响；柱距与独立基础尺寸的影响较大。

根据上述两例工程实例的原位实测数据，目前只能建议构造板荷载分担比取为 20%

左右。关于构造板底设置聚苯板的独基（墩基）—构造板基础，在没有原位实测数据的前提下，板底土反力不宜假定为零。

至少，当混凝土初凝前，无论是否设置聚苯板等软垫层，构造板自重均应由地基土承担的。因此在没有原位实测资料证明这类构造板底土反力为零之前，不宜贸然接受盈建科用户手册及技术条件关于板底土反力为零的假定。

7.5　小　　结

本章由具备较为可靠数据的全国各地天然地基工程实例资料，获得以下初步结果：

1. 基础计算软件建议的基床反力系数为"位移基床系数"，对于复合桩基与复合地基不适用。对于主裙楼连体、主楼与外扩地下室连体的天然地基基础计算，不可采用"位移基床系数"。

2. 由河南、西安、沈阳、北京、上海、广东、甘肃等地的 22 例天然地基筏板原位实测钢筋应力，可知实测值一般为设计值的十分之一。

3. 由 2 例墩基—构造板基础与独基—构造板基础的原位实测板底土反力数据，以及有关理论探讨，建议在获取大量可靠资料之前，构造板（防水板）底土反力不应取为零，可考虑取荷载分担比为 20％左右。

8. 总结（附：V3.2版JCCAD基础设计软件简评）

对于桩基础沉降计算，1.8版盈建科基础设计软件给出3种计算方法：《建筑桩基技术规范》等效作用分层总和法与明德林应力公式法、上海《地基基础设计规范》明德林应力公式法。

其中上海《地基基础设计规范》DGJ08-11-2011明德林应力公式法与国标《建筑地基基础设计规范》GB50007-2011明德林应力公式法的计算原理相同，区别仅在于经验系数的不同。

对于单桩与小桩群的沉降计算，《建筑桩基技术规范》明德林应力公式法计算结果的经验系数不能取为1.0。因《建筑桩基技术规范》验证单桩沉降计算经验系数采用的是单桩静载荷试验数据，而单桩静载荷沉降等于工程桩沉降这一点，并未得到工程实践的验证。其次《建筑桩基技术规范》单桩、单排桩计算方法不能应用于同一单体中某一单柱的沉降计算，否则将出现不合理的结果。《建筑桩基技术规范》给出的单桩、单排桩计算例题，在上述问题上极易误导设计人员。

对于常规桩基的沉降计算，盈建科基础设计软件给出的等效作用分层总和法计算过程，与《建筑桩基技术规范》等效作用分层总和法有着相当大的区别。且《建筑桩基技术规范》等效作用分层总和法本身的定义就决定其计算承台群沉降的误差，将随着承台群数量的扩大而增大。其次，盈建科基础设计软件给出的桩筏基础等效作用分层总和法计算结果远小于实测值。复次，盈建科基础设计软件给出的桩筏基础明德林应力公式法计算结果，远小于实测值，且未得到工程实践的验证，故不能选用。第四，盈建科基础设计软件给出的上海《地基基础设计规范》明德林应力公式法，其计算过程与有关规范规定不符，因此不宜直接应用。

由于《建筑桩基技术规范》计算复合桩基沉降的式（5.5.14-4）并未得到工程实践的验证，且通过工程实例的计算也证明式（5.5.14-4）的计算值远小于实测值，因此盈建科基础设计软件给出的复合桩基沉降计算值不能直接应用。

综合上述盈建科基础设计软件3种桩基沉降计算方法的探讨，可知该软件计算所得主裙连体桩基的沉降值不可信。

由于《建筑桩基技术规范》计算减沉复合疏桩基础的式（5.6.2）中，单桩荷载的取值需要根据工程实例可能发生的沉降量进行调整，由工程实践可知取值范围最大为0.8倍单桩极限承载力，极难掌握，因此盈建科基础设计软件不能计算减沉复合疏桩基础的沉降。

这说明1.8版盈建科基础设计软件3种计算方法，均不能满足桩基与复合桩基工程的沉降计算，且计算结果与实测值相比基本上均偏小，由此计算沉降值计算所得桩基础内力也偏于不安全。

PKPM软件升级为V3.2版，因此《盈建科基础设计软件工程应用与实例分析》的部分结论已经过时。篇幅所限，本书仅给出对V3.2版JCCAD基础设计软件桩基沉降计算的探讨结果。

对于桩基础沉降计算，V3.2 版 JCCAD 基础设计软件给出 6 种计算方法：国标《地基基础设计规范》实体深基础方法与明德林应力公式方法、《建筑桩基技术规范》等效作用分层总和法与明德林应力公式方法、上海《地基基础设计规范》等代实体法与明德林应力公式方法。

其中国标《建筑地基基础设计规范》GB50007-2011 实体深基础方法与明德林应力公式方法，和上海《地基基础设计规范》等代实体法与明德林应力公式方法的计算原理相同，区别仅在于经验系数的不同。

现以［案例 4.3.1］（上海某 12 层主裙楼连结桩基工程）为例，对 V3.2 版 JCCAD 基础设计软件 6 种计算方法的计算结果进行探讨：

（1）国标《建筑地基基础设计规范》实体深基础方法给出计算过程。主楼计算沉降 78.97mm，与实测沉降量之比为 0.85，计算压缩层厚度 18m；裙楼计算沉降 47.06mm，与实测沉降量之比为 0.51，计算压缩层厚度 3m。这说明主楼的 JCCAD 国标《地基基础设计规范》实体深基础方法计算结果可靠，裙楼的 JCCAD 国标《地基基础设计规范》实体深基础方法计算结果偏于不安全。

（2）国标《建筑地基基础设计规范》明德林应力公式方法未给出计算过程。主楼计算沉降 54.28mm，与实测沉降量之比为 0.58，计算压缩层厚度 2.6m；裙楼计算沉降 95.79mm，与实测沉降量之比为 1.03，计算压缩层厚度 10.4m。这说明主楼的 JCCAD 国标《地基基础设计规范》明德林应力公式方法计算结果偏于不安全，裙楼的 JCCAD 国标《地基基础设计规范》实体深基础方法计算结果可靠。

（3）《建筑桩基技术规范》等效作用分层总和法给出计算过程。主楼计算沉降 52.21mm，与实测沉降量之比为 0.56，计算压缩层厚度 7.1m；裙楼计算沉降 10.36mm，与实测沉降量之比为 0.11，计算压缩层厚度 1.9m。这说明主楼与裙楼的 JCCAD《建筑桩基技术规范》等效作用分层总和法计算结果均偏于不安全。

（4）《建筑桩基技术规范》明德林应力公式方法未给出计算过程。主楼计算沉降 17.55mm，与实测沉降量之比为 0.19，计算压缩层厚度 0.7m；裙楼计算沉降 60.09mm，与实测沉降量之比为 0.65，计算压缩层厚度 2.4m。这说明主楼与裙楼的 JCCAD《建筑桩基技术规范》明德林应力公式方法计算结果均偏于不安全。

（5）上海《地基基础设计规范》等代实体法未给出计算过程。主楼计算沉降 56.73mm，与实测沉降量之比为 0.61，计算压缩层厚度 6.9m；裙楼计算沉降 52.98mm，与实测沉降量之比为 0.57，计算压缩层厚度 1.7m。这说明主楼与裙楼的 JCCAD 上海《地基基础设计规范》等代实体法计算结果均偏于不安全。

（6）上海《地基基础设计规范》明德林应力公式方法未给出计算过程。主楼计算沉降 57.71mm，与实测沉降量之比为 0.62，计算压缩层厚度 2.9m；裙楼计算沉降 104.44mm，与实测沉降量之比为 1.12，计算压缩层厚度 9.5m。这说明主楼的 JCCAD 明德林应力公式方法计算结果偏于不安全，裙楼的 JCCAD 实体深基础方法计算结果可靠。

这说明 V3.2 版 JCCAD 基础设计软件的 6 种计算方法，均不能满足主裙楼连体桩基工程的沉降计算, 且除国标《地基基础设计规范》实体深基础方法外, 计算结果与实测值相比, 基本上均偏小, 由此计算沉降值计算所得桩基础内力也偏于不安全。

毋庸讳言, 由于历史原因, 上海地区以外的设计人员乃至设计审查人员对桩基础沉降计算普遍不太熟悉, 尤其是对各种基础设计软件沉降计算结果是否符合规范规定的判别特别陌生。因此倾向于不接受桩基础沉降的手算计算书, 但又不看或看不懂软件沉降计算过程, 于是只看沉降计算结果。

设计人员同样倾向于采用桩基础沉降的软件计算结果, 只是面对基础设计软件给出的多种桩基计算值, 常有意识地 "挑选" 符合自己心意的结果。以本书的 [案例 4.3.1] 主楼 (假定该案例非上海工程) 为例, 盈建科基础设计软件的 "等效作用法" 计算值 (1.2 mm) 太小, 显然不能选用; 盈建科基础设计软件的 "明德林应力公式法" 计算值 (17.6mm) 合乎设计人员的 "预期", 就很可能被选中。

盈建科基础设计软件的 "明德林应力公式法", 实际上是《建筑桩基技术规范》的 "考虑桩径影响的明德林应力公式法", 将其推广于常规桩基沉降计算是缺少实测数据支持的。设计审查人员若不清楚这一点, 就可能接受设计人员偏于不安全的计算结果。

此处存在的不是计算结果是否符合实际情况, 而是计算过程是否符合有关地基规范规定的问题。设计人员对于桩基础沉降的软件计算结果, 根据个人经验选用某个经验系数进行折减, 无论最终结果是否符合实际情况, 均属于注册结构师个人的权利与责任; 但设计审查人员若未发现软件计算过程是否符合有关地基规范的规定, 则属于失职了。这是完全不同的两个概念。

本书已经通过工程实例的计算与对比, 以及对规范推荐公式原理的剖析, 得出 1.8.1 版盈建科与 V3.2 版 JCCAD 基础设计软件计算所得桩基沉降结果, 除 JCCAD 基础设计软件的 "实体深基础法" 外, 计算沉降值与实测沉降值相比较, 基本均偏于不安全, 且计算过程也不符合规范规定; 由此计算沉降值计算所得桩基础内力也将偏于不安全。由此可见, 应该没有理由去无条件地信任基础设计软件的计算结果了。

出现这类现象的根本原因是缺乏 "制约", 因为一般设计者 (含设计审查者) 以外的人员不能看到或看不懂设计计算书。

上海地区规定设计图上必须标明该工程的计算沉降值后, 于是除非确有把握, 超越地基规范规定去修改基础设计计算结果的工程师就很罕见了。

由此可见工程设计人员这种依赖 "数字游戏" 的心态, 终究不是正道与长远之计。

本书围绕着盈建科以及 JCCAD 基础设计软件的探讨, 相当大一部分与各种地基规范有着密切的关系, 如这些规范所提供复合桩基桩土荷载分担比例计算的缺陷、复合地基桩土荷载分担比例数据的缺失、等效作用分层总和法的局限性、单排桩沉降计算经验系数的疑难、《建筑桩基技术规范》疏桩基础沉降计算方法的奥秘、减沉复合疏桩基础沉降计算方法的要诀等。因此盈建科以及 JCCAD 基础设计软件中相关部分的疑难, 在各种地基规范没有解决上述问题之前, 是不可能得到解决的。

而盈建科以及 JCCAD 基础设计软件的桩基沉降计算过程与结果, 为何与完全按地基规范规定进行计算所得的计算过程与结果有较大差别, 应该与上述软件的设定有关。至于哪些设定与地基规范有关规定的不同, 以及软件编制者相关设定的依据, 由于盈建科以及

JCCAD 基础设计软件的技术条件手册并未加以说明，因此也就难以判定其是否合理了。

关于《建筑桩基技术规范》单桩与单排桩沉降计算、等效作用分层总和法、疏桩基础沉降计算等疑难问题的探讨，限于资料的欠缺，本书也只能点到为止。除非《建筑桩基技术规范》编制组解禁其所掌握的有关资料，这些疑难也就不可能得到完全解答了。

总之，本书主要只是想依据有着可靠实测数据的案例，对于 1.8.1 版盈建科以及 V3.2 版 JCCAD 基础设计软件的常规桩基、单桩与单排桩、复合桩基、复合地基的沉降与基础内力计算等问题进行探讨，厘清个人在基础工程设计中遇到的困惑与疑难而已。

至于同行们是否会认可本书的探讨与结论，则确实没有把握。因为原来可以由基础设计软件的桩基沉降计算结果，"一条龙"直接计算桩基础的内力。一旦否认了软件计算结果，将增加一定的工作量，并可能增大桩筏基础与承台—防水板基础的计算内力。

好在路子已经开拓，怎样走就由各人自己选择了。

此外，本书主要探讨的是 1.8.1 版盈建科以及 V3.2 版 JCCAD 基础设计软件的桩基沉降计算过程的小小疑难，应该不会对这些软件的应用有多少影响。

主要参考文献

[1]　刘金砺．建筑桩基技术规范应用手册［M］．北京：中国建筑工业出版社，2010.8.

[2]　邱明兵．建筑地基沉降控制与工程实例［M］．北京：中国建筑工业出版社，2011.7.

[3]　赵锡宏．上海高层建筑桩筏与桩箱基础设计理论［M］．上海：同济大学出版社，1989.

[4]　林柏等．软土地基基础工程典型案例——失误与对策［M］．北京：中国建筑工业出版社，2010.1.

[5]　龚晓南．复合地基设计和施工指南［M］．北京：人民交通出版社，2003.9.

[6]　宰金珉．高层建筑基础分析与设计—土与结构物共同作用的理论与应用［M］．北京：中国建筑工业出版社，1993.2.

[7]　黄绍铭．软土地基与地下工程［M］．北京：中国建筑工业出版社，2005.7.

[8]　张雁等．桩基手册［M］．北京：中国建筑工业出版社，2009.11.

[9]　林柏．PKPM 地基基础设计软件 JCCAD 工程应用与实例分析［M］．北京：中国建筑工业出版社，2016.6.

[10]　宰金珉．塑性支承桩工程验证与现场测试试验研究［J］．北京：建筑结构学报，2001.10.

[11]　胡庆兴．复合桩基的设计与监测评价［J］．南京：南京建筑工程学院学报，2001.3.

[12]　王玮．疏桩—筏板复合基础的现场原位测试［J］．徐州：徐州建筑职业技术学院学报，2005.9.

[13]　陈锦剑．短桩基础桩—土共同作用的原位测试与数值分析［J］．武汉：岩土力学杂质，2009.2.

[14]　李韬．沉降控制复合桩基"时间效应"的简化力学模型分析［C］//2004 年度上海市土力学与岩土工程学术年会论文集．上海：同济大学出版社，2004.7.

[15]　张剑锋．软土地区多层建筑的桩基设计、施工与检测［D］．长沙：国防科学技术大学，2005.10.

[16]　李浩．柱下条基桩土共同作用研究［D］．杭州：浙江大学，2001.2.

[17]　黄河洛口桩基试验研究组．群桩承台土反力及其对于提高承载力的作用［M］（内部资料）．黄委会山东河务局设计情报站，1985.7.

[18]　刘金砺．软土中群桩承载性能的试验研究［C］//第六届全国土力学及基础工程学术会议论文集．上海：同济大学出版社，1991.

[19]　黄河洛口桩基试验研究组．长期荷载及土壤浸水对垂直承载力的影响［M］（内部资料）．黄委会山东河务局设计情报站，1985.7.

[20]　徐至钧．群桩与承台的共同作用研究［J］，北京：建筑技术杂质，1982.6.

[21]　姚笑青．桩基沉降的实践与负摩阻力的理论分析［D］．上海：同济大学，1999.6.

[22]　裴捷．上部结构与地基基础共同作用理论——工程应用与理论研究［D］．上海：同济大学，2001.1.

[23]　贾宗元．软土地基桩土共同作用监测实例分析［C］//全国第五届土力学及基础工程学术讨论会论文选集．北京：中国建筑工业出版社，1990.2.